"High School Maths Class as the Foundation of New Tech" Taught
by Ph.D. Engineering Professor

工学博士が教える
高校数学の
使い方 教室

木野仁

ダイヤモンド社

はじめに

　日本は第二次世界大戦後、高度経済成長を経て経済大国となった。1960年代後半より2010年に中国に抜かれるまで、日本は世界第2位の経済大国であった。中国に抜かれたとはいえ、現在でも国内総生産（ＧＤＰ：一定期間に国内で生み出された付加価値の総額）でアメリカ、中国に続く世界第3位の経済大国なのである。

　アメリカや中国は国土も広く、資源も多い。そして人口も多いため、ＧＤＰが多いのもわかる。しかし、日本は国土も狭く資源も少ない。これまで日本は原材料を海外から輸入し、高度な科学技術により付加価値をつけて商品として販売することで経済活動を活発化させてきた。つまり、日本の経済活動の源は高い科学技術力なのである。

　日本の高い技術力を支えるのは、主に理系の科学者・技術者やその卵（理系学生）である。少子化・大学全入時代で厳しい状況ではあるが、大学などの理系学部に進学する学生を増やし、そのレベルを向上させ、世界で科学技術の優位性を保つことが今後も日本が目指す道であろう。また、文系の人たちが理系についてその重要性への理解を深め、その子どもたちが理系進学を容易にするようになってほしいと願っている。

　私は40歳の頃、イギリスに1年間滞在した。そこで感じたのは、「海外では、英語が流暢に話せることそのものは、たいしたアドバンテージにはならない」ということだった。もちろん、英語が話せないよりは話せたほうがいいには違いないし、それは認めるところである。

　しかし、イギリス滞在中に仕事などで初対面の人からよく聞かれたことは、「お前は何のプロフェッショナルなのだ？」ということだった。つまり、海外では日本以上に技術のプロに評価を与えるのである。ここでいう技術とは、必ずしも理系だけの意味ではなく、文系のそれも含んでいる。そのせいであろう、技術もなく、英語しか話せない日本人が海外に行っても、なかなか職にはありつけないと言う。グローバル化された時代であるからこそ、英語だ

けでなく、自分の持つ技術を向上させ、プロフェッショナルとなることが重要なのである。

　イギリス滞在中には、私が日本人というと、日本の科学技術について興味を持ってくれる外国人も多かった。その道のプロであれば、英語が流暢に話せなくても外国では重宝されるのである。そして、海外では、大学の理系学部を卒業した人材は、その道に精通した「プロフェッショナル」と見なされる。理系の場合、グローバル化を目指すならば、英語もさることながら、やはりその技術を磨くことも重要である。そして、大学の理系学部で学ぶ内容の根幹をなすのが、高校の数学である。

　そこで本書では、「数学って社会で何か役に立っているの？」と疑問を持つ高校生やその父兄、社会で活躍中の社会人などを対象に、どれほど高校レベルの数学が現在の最新技術のベースとなっているかを解説し、その重要性を理解してもらうことを目的としている。スマホやカーナビといった日常生活でよく利用するものから、ミサイル防衛技術まで、その根本となっているのは数学なのである。

　数学の授業の内容になかなか興味を持てないという高校生もいるだろう。そういった数学を学ぶ動機付けに乏しい若い世代のために、また、高校や大学で数学教育に携わっている人たちやそれを目指している人たちには教育内容の刺激として、あるいは文系出身の社会人のリメディアル教育として、高校までの数学が最新の科学技術の中でどのように活用されているか具体的に知りたい人のために、本書が次世代の科学技術者育成の橋渡しとなることを願って執筆した。

　しかし、一言で高校数学といっても、「微分・積分」「三角関数」などさまざまな内容がある。そこで本書は、大きく2つの部分に分けて構成した。第Ⅰ部では基礎編として、「因数分解」「微分・積分」「三角関数」など数学の項目ごとに章を分け、その使い道の例を解説していく。しかし、実社会では複数の項目のテクニックを横断的に結び付けて利用している例も多いことから、第Ⅱ部では応用編として「人工知能」や「宇宙エレベータ」などという技術的なテーマごとに章を分けて解説していく。

　なお、私の大学での専門分野は機械工学やロボット工学である。よって数学の話題も自然と比較的得意な分野に偏ってしまうが、そこはお許しいただきたい。本書で紹介した事例以外にも、さまざまなところで数学は利用されていることを付け加えておく。

木野仁

第3章 連立方程式

第4章 微分・積分

CONTENTS

第5章 ベクトル・行列

第Ⅱ部　応用編

第6章 最小二乗近似とSLAM・お掃除ロボ

第7章 人工知能

第8章　宇宙エレベータとラグランジュポイント

第9章 級数の極意

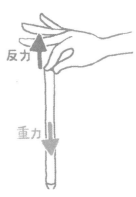

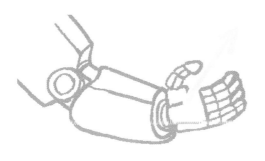

CONTENTS

第 I 部

基礎編

第 1 章

素因数分解

第Ⅰ部では、数学の項目ごとに章を分けて解説していく
のだが、いきなり「微分・積分」などのヘビーなネタを持っ
てくると読者も困惑する可能性がある。そこで、基本的
には内容の難易度順に章の順番を決めた。ただし、取り
扱っている内容によっては、ある程度の事前知識が必要
な場合もあるので、そのような場合は難易度を考慮しな
がら、章の順番を構成してある。まずは比較的難易度の
低い、「素因数分解」から説明していこう。

なお、第 1 章の内容は筆者の執筆した『これができれば
ノーベル賞』（彩図社、2015 年）の内容の一部を加筆修
正したものであることをお断りしておく。

1.1 因数分解とは

　数学で登場する因数分解とは、文字通り数式や数値を**因数**に**分解**することである。因数とは、数式や数値を掛け算の形に表したとき、その要素のことをいう。例えば、36 という数を考えたとき、

$$36 = 4 \times 9 \tag{1.1}$$

となり、上式では 4 と 9 が因数となる。

　中学や高校の数学では、多項式の因数分解の公式として、例えば以下の因数分解を習う。

2次式の因数分解

$$abx^2 + (aq + bp)\, x + pq = (ax + p)(bx + q)$$
$$x^2 \pm 2px + p^2 = (x \pm p)^2$$
$$x^2 - p^2 = (x + p)(x - p)$$

3次式の因数分解

$$x^3 \pm 3px^2 + 3p^2x \pm p^3 = (x \pm p)^3$$
$$x^3 \pm p^3 = (x \pm p)(x^2 \mp px + p^2)$$

　このような因数分解は、例えば、「方程式の解を求めるとき」などに用いられる。しかし、そんなありきたりな解説では、本書を手にとった読者も納得してくれないだろう。本章では、この因数分解が現在のインターネット社会で必要不可欠な数学テクニックであることを解説しよう。因数分解とインターネット……。いったいどんな関係があるのであろうか？

1.2 素因数分解と暗号化

1.2.1 素因数分解とは

　先ほど、因数分解とは、数式や数値を因数に分解することだと説明したが、因数分解の「親玉」というべきものに**素因数分解**がある。この素因数分解とは、「正の整数を素数のみの積で表すこと」である。因数として用いる数が素数のみであるから、素因数分解である。

　素数とは整数の中で「自分自身と 1 以外では割り切れない自然数のこと」をいう。例えば、先ほどの 36 を素因数分解した例では

$$36 = 2^2 \times 3^2$$

となり、上式の 2 と 3 は元の数である 36 の約数となる素数であり、これを**素因数**という。このような自然数の素因数分解は主に中学校で習うことであり、高校ではそれを発展させた様々な数学を習う。読者の中には、
「こんな素因数分解が何の役に立つの？　ただのパズルのような数字遊びでしょ？」
などと思う人もいるかもしれない。しかし、この素因数分解は意外なところで利用されている。そして、それは**現在の我々の生活から切っても切り離せない大事なもの**である。

1.2.2 コンピュータの苦手とするもの

　ネットの普及や使用において、その根幹となるものがコンピュータである。パソコンはパーソナルコンピュータの略だし、スマホだってコンピュータを小型化したものである。そして、コンピュータの性能の進化がネットの爆発的普及に極めて密接に関係していることは容易に理解できるだろう。
　コンピュータとはそもそも「コンピュート（計算）するモノ」であり、計算機、つまりは電卓の化け物である。普通の電卓は単に数字の計算しかできないが、コンピュータはこの計算処理を応用して、ネットや動画再生など様々なことを可能にしている。そして、コンピュータの計算スピードが速くなれば、限

られた時間でより多くの処理ができるようになる。

　しかし、現在のコンピュータがどれほど進化しても、どうしても苦手な計算がある。それが素因数分解なのである！

　例えば、簡単な掛け算、「5 × 13 × 101」の計算を考えてみよう。この程度の掛け算なら小学生でも手計算で計算できるし、手計算が面倒ならば電卓やパソコンのエクセルなどのソフトウェアを用いれば簡単に答えが得られる。答えは 5 × 13 × 101 = 6565 である。人間にとっても、コンピュータにとっても特に難しい問題ではない。むしろコンピュータはこのような計算は非常に得意である。

　しかし、逆に「6565 を素因数分解せよ」という計算、つまり、「6565 はどんな素数を掛け合わせてできた数か？」を計算するのは、現在のコンピュータは非常に苦手なのである。もちろんコンピュータでも素因数分解の計算ができないわけではない。では、コンピュータを使ってどのように素因数分解するのかというと……

コンピュータ（計算機）を使った素因数分解のやり方（6565の場合）

1. まず 6565 を 2 で割ってみる。
2. 割り切れないので、次は 3 で割ってみる。
3. 割り切れないので、次は 5 で割ってみる。5 でやっと割り切れて、その解は 6565 ÷ 5 = 1313 である。
4. 次に 1313 をまた 5 から順番に素数で割っていく。
5. やっと 13 で割り切れ、6565 = 5 × 13 × 101 となる。
6. 今回の場合は 101 が素数なので、ここで計算をストップするが、素数でない場合はこのような計算をさらに繰り返していく。

　この方法は人間が数を素因数分解する方法と基本的には同じである。もちろん、人間よりはコンピュータの方が計算スピードが速いのは間違いないが、最新型のコンピュータでも面倒なこのような方法を行う以外に確実な方法が

ない。

　今回の 6565 の場合では、簡単な例なので数回の計算で素因数分解できる。しかし、桁数が増えていけば、計算量は爆発的に増えていく。この計算は現在のコンピュータが最も不得意とするものであり、100 桁や 1000 桁もの数になると、実質的にはもはやコンピュータでも、数秒〜数分といった短い時間内で計算を終えるのはお手上げのレベルとなる。

　古いデータだが、2005 年頃のスーパーコンピュータでも、200 桁の素因数分解には約 10 年の計算時間がかかったという。アップル社の iPhone が発売されたのが 2007 年であり、2005 年と言えばその 2 年前である。

　ただし、このデータは今から 15 年以上も前のコンピュータを使用した場合である。コンピュータは日進月歩で計算スピードが速くなっていくから、技術革新が進み、この頃より 1000 倍速いコンピュータが開発されれば、約 3 日で解けてしまう。しかし、素因数分解の対象とする数の桁数をグッと増やし、1 万桁になると、2005 年当時のコンピュータで約 1000 億年。仮にその 1000 倍速いコンピュータが開発されても 1 億年かかってしまうのである。2005 年から 15 年以上が経って技術が向上しているとはいえ、さすがに当時の 1000 倍のスピードをもつコンピュータの開発は容易でないし、仮にできたとしても、計算時間が 1 億年かかるから、コンピュータに素因数分解を行わせるというのは相変わらず時間がかかる作業なのである。

1.2.3　素因数分解を用いた暗号化技術

　このコンピュータが大の苦手とする素因数分解を利用して、我々のネット社会で使用されている必要不可欠な技術がある。それは暗号化技術である。

　ネット社会ではクレジットカードの番号やネット銀行の暗証番号が他人に流出すると大変なことになる。例えば、パソコンや、ネットのデータを仲介するサーバやルーターなどにコンピュータウイルスなどが仕込まれている可能性もあり、そのような場合には、ウイルスによって通信中のクレジットカード番号や暗証番号などが抜き取られてしまう可能性がある。

　そこで、重要なデータを送信する場合には、通常はデータを暗号化してから送信する。暗号化すれば、そのままではデータの内容は他人に読み取られ

ないはずである。そして、データ受信者は暗号化されたデータを受け取った後に、今度は暗号化データを元のデータに戻し、読み取れるようにしている。仮にデータが流出しても、暗号化データが第三者に復元されなければ、安心である。

　インターネットのデータ通信における暗号化技術には様々な種類があるが、その1つがRSA方式と呼ばれる素因数分解を使った方法である。このRSA方式ではデータを送受信する際に、**公開鍵**と**秘密鍵**という数字でできた鍵を用いる。前者の公開鍵は、その気になれば誰でも知ることができる数字であり、データの暗号化に用いられる。一方、秘密鍵は文字通り、特定の人のみが知る内緒の数字であり、暗号化されたデータを元に復元する際に用いる。

　RSA方式はこの公開鍵と秘密鍵に、コンピュータが大の苦手とする素因数分解を利用するのである。以下では簡単な例でRSA方式の暗号化技術を解説しよう。ただし、実際のRSA方式はもっと複雑であるので、ここでの説明はあくまでも簡略化したものである。

　今、あなたがスマホやパソコンなどからネット上のショッピングサイトにアクセスし、そこで買い物をする。そして、その代金をクレジットカードを使って支払うとしよう。カード番号などを入力して注文が確定したとき、注文を処理するネット上のサーバから、あなたのスマホに公開鍵が送られる。

　この公開鍵は2つの大きな素数を適当に選び、それを掛け合わせた数字とする。例えば、素数として3373と9907を選び、それを掛け合わせた数字33416311（= 3373 × 9907）を公開鍵として、サーバからスマホやパソコンに送る。今回の例では話を簡単にするために、たかが8桁の公開鍵としたが、実際に用いるのは300 ～ 1000桁程度の公開鍵である。ただし、サーバ側ではこのもともとの素数の組み合わせ（3373と9907）は秘密にしておく。この2つの素数の組み合わせが秘密鍵となる。つまり、公開鍵（33416311）はネットを経由してスマホ側に送られるため、オープン（公開）となっているが、秘密鍵（3373と9907）はサーバ内部にあり、外部には流出しない。

　スマホやパソコンでは、この公開鍵（33416311）を元にクレジットカードの番号を暗号化し、その暗号化データをネットを通じて、サーバ側に送信する。この暗号化されたデータは公開鍵では復元できず、元々あった素数の組

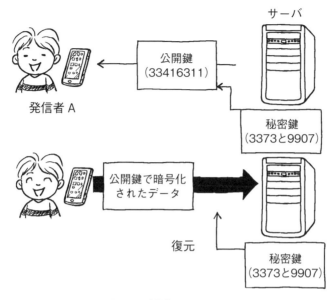

図 1.1：暗号化 RAS のイメージ

み合わせである秘密鍵（3373 と 9907）が必要となる。そして、暗号化デー
タを受け取ったサーバ側では、内緒にしていた秘密鍵を用いて暗号化データ
を元のデータに復元し、クレジットカード番号を知ることができる。

　もしも、ウイルスなどの影響で暗号化したクレジットカードのデータと公
開鍵が第三者に流出してしまったとしても、公開鍵を元の秘密鍵に戻すには、
公開鍵を素因数分解する必要があり、先述したように現在のコンピュータで
は、それを計算するのに下手をすれば 1000 億年の単位で計算時間がかかっ
てしまう。現実的には計算が不可能であるため、暗号化のセキュリティが保
たれるのである。当然、この一連の暗号化はスマホやパソコンが自動的に行
ってくれるため、使用者がいちいち意識して行わなくてもよい。

　コンピュータの計算処理能力は年々速くなってきているが、その場合には、
単純に公開鍵の桁数を増やせば、同じように計算時間を稼ぐことができる。
もちろん、この世の中に完璧な技術は存在しない。RSA 方式といえども完

壁ではない。例えば、サーバ自体に不法にアクセスされて、秘密鍵が流出することなどがあるかもしれないため、過信は禁物である。

第2章

三角関数

前章の素因数分解の解説では、導入部ということで、あまり数式を用いず説明した。徐々に難易度を上げていこう。高校数学において、高校生が「つまずく内容」はだいたい決まっている。そのベスト3を独断と偏見で挙げるなら、三角関数、微分・積分、ベクトル・行列※であろう。本章では三角関数に焦点を当てて、ラジアンの意味や、実際に社会で三角関数がどのように使われているのかを様々な話題を用いて解説していこう。

※第5章で説明するように、世代によっては高校数学では行列を習わない。

2.1　なぜ角度の単位がラジアンなのか？

2.1.1　三角関数の元凶

三角関数の定義

図 2.1 の直角三角形の角度 θ において、三角関数 $\sin \theta$，$\cos \theta$，$\tan \theta$ は以下で定義される。

$$\sin \theta = \frac{a}{c}, \qquad \cos \theta = \frac{b}{c}, \qquad \tan \theta = \frac{a}{b} \tag{2.1}$$

　高校で習う三角関数は、上記で示したように sin（サイン）、cos（コサイン）、tan（タンジェント）に関連したことである。これらは直角三角形の辺の比率を意味し、図 2.1 の直角三角形における角度 θ（ただし、図 2.1 の例では $0 \leqq \theta < 90°$ の場合）に対して、式（2.1）で定義される。

　一体全体、これらの三角関数が社会において、どのように活用されているのだろうか？　それが理解できなければ、勉強のモチベーション（意欲）も上がらないだろう。しかし、その利用価値以前の問題として、特に初学者が

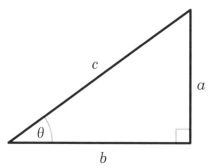

図 2.1：三角関数の定義（直角三角形との対応）

三角関数に「拒絶反応を起こす理由」はわかっている。これはあくまでも個人的な経験であるが、その理由とは、

「角度の単位としてラジアンを用いること。そして本来は数値である角度に対し、π（パイ）という文字が使われること」

であろう。

確かに角度の単位にラジアンを用いると、角度の数値が $\frac{\pi}{6}$ や $\frac{5}{4}\pi$ などと表記され、これが学生にとって混乱をきたすのは理解できる。数学では π は小中学校で習う円周率を意味しているのであるが、π 自体は単に**文字**（ギリシャ文字）である。つまり、極論すればギリシャ文字の π の代わりに漢字「牌」を用いて $\frac{1}{2}$牌 と表記することと本質的には同じである。数字を取り扱う数学の中でこんな文字が出てくると、慣れない初学者は戸惑うのであろう。

そういえば昔、私の勤務する大学の講義で、この π を理解できない学生に対し業を煮やした数学の先生が、黒板に2つのおっぱいを書いて、
「いいか、半円（π）が2つ。つまり2つのパイで 2π だ！」
などと、キレ気味に教えていたのを思い出す（実話）。

しかし、わざわざ意味がないことを採用する理由もないわけで、角度の単位として、小中学校で慣れ親しんだ「度（°）」の代わりにラジアンを用いて表記したり、その際に角度の数値に π が登場するのには、それなりの意義や理由が存在するのである。まずは角度の単位として、なぜ「度」や「ラジアン」が用いられるのかを解説していこう。

2.1.2 単位の話

角度の単位の話をする前に、少し回り道であるが、一般的な単位の話をしてみよう。図 2.2 を見てほしい。いきなりではあるが、**皆さんは地球の北極点から赤道までの距離が何キロメールかご存じだろうか？**

地球には山や谷があるから、地表は凸凹している。また、自転による遠心力などの影響で厳密には完全な球体ではない。それでも、月面などのように十分に遠い場所から眺めれば、地球は球体であると見なすことができるであ

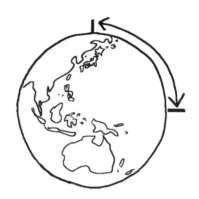

図2.2：地球の北極点から赤道までの距離

ろう。図2.2のように北極点から赤道までというのは、赤道の長さの $\frac{1}{4}$ の距離である。さて、この質問の答えは、

「北極点から赤道までの距離は1万キロメートル」

である。ここで読者の中には、

「へ〜、おおよそ1万キロメートルねぇ……。例えば10321.7キロメートルとかで四捨五入して約1万キロメールってとこかな？」

などと思うかもしれない。しかし、誤解を恐れずに言えば、ここで言う1万キロメートルというのは、ピッタリ1万キロメートルである。つまり、10000000.000000…メートルなのである。

「えっ？ そんなにピッタリな数字って、何かの偶然じゃないの？」

と思う方がいるかもしれない。確かにピッタリなのだ……。それにしてもなぜそんなにピッタリな数字なのだろうか？

　実は、これは話の本末が逆なのである。つまり、地球の北極点から赤道までの距離が、偶然にぴったり1万キロメートルだったのではなく、北極点から赤道までの距離を1万キロメートルと決めたのである[1]。偶然ではなく必然なのである。

1. 少し上の「ピッタリ1万キロメートル」の箇所で「誤解を恐れず言えば」と断りを入れたのは、厳密にいうと一番最初に決めたメートルの長さの定義と、最新のメートルの長さの定義か少し異なるためである。最新の定義に従うと多少の誤差が生じる（と思う）

時は18世紀末のフランス、フランス革命の頃である。この時代になると多くの国との貿易が盛んになっていった。しかし、モノを計測する単位が各国でバラバラに決められており、これが交易の大きな妨げの1つとなっていた。例えば、18世紀頃の日本は江戸時代中期であり、長さの単位は主に尺貫法による「尺」という単位を用いていた。この尺という単位は中国より各地に伝わり、東アジアで用いられた単位である。人間の手の大きさ[2]を基準としていた。従って、地域や時代が違うと、同じ「尺」の単位でも長さが微妙に異なっていたのだ。

尺の他にも人体の大きさに基づく長さの単位には、足の長さに由来するフィートなど、多くのものが存在する。しかし、これらも時代や地域によって実際の長さが変わっている。このように時代や地域によって単位そのものが違ったり、見かけ上の単位が同じでも、その実際の量が違うと、貿易などにおいて混乱をきたすのは容易に想像できよう。

そこで世界共通の長さの単位として、北極点から赤道までの距離を1万キロメートルと定め、その1000万分の1の長さを**1メートル**と定めたのである。この後に世界各国で交わされたこのメートルに関する取り決めの条約を「メートル条約」という。そして、1メートルの長さが決定されたことで、100分の1メートルの長さを**1センチメートル**とし、大気圧下で1リットル（10 cm × 10 cm × 10 cm）の体積を持つ蒸留水の質量を**1キログラム**と定義するなど、他の単位も派生し、国際的に流通することになった。なお、これらメートル、キログラムや時間の秒など、国際的に統一した単位のことを**SI単位系**と呼ぶ。

とまぁ、少し前置きが長くなったが、ここで何が言いたいかというと、人間が使う様々な単位というのは、宇宙の創造から本来あるものではなく、しょせん**「人間が都合よく、勝手に決めたものである」**ということである。

2.1.3 角度の単位

話を角度の単位に戻そう。「度」も「ラジアン」も人間が勝手に決めたものであるから、何らかの理由や由来はあり、それを理解すると三角関数も少しは身近に感じられると思うのである。

さて、角度の単位であるが、日本人は小学校の頃から角度を度（°）で計

2. 手を広げたときの親指の先端から中指の先端までの長さ

測することに慣れ親しんでいるので、角度の単位に度を用いることは比較的
受け入れやすい。このように角度を「度」を用いて計測する方法を**度数法**と
いう。しかし、そもそもなぜ、度数法では円の1周を360度とするのか？
まずはこれを考えてみよう。

　角度の単位として円の1周を360度とした度数法を用いるのは、実は1
年の日数が約360日であることに由来すると言われている。図2.3のように、
夜空の星が北極星を中心に1日に移動する角度を1度とし、1年（約360日）
で一周するため、それを360度としたといわれている。この概念を図形にお
ける角度の測定に応用したのである。

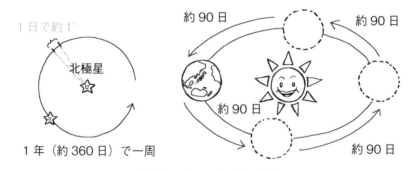

図2.3：1年365日と星の動き

　ここで疑問となるのは、1年が365日であるのに、なぜ円の1周の角度
が365度にならなかったかという点である。第一の理由は、古代の暦は月の
動きを基準とした太陰暦が広く普及しており、1ヶ月を30日とし、それが
12ヶ月分あることで1年（30日×12か月＝360日）と考えたと思われる。
　さらに、円の1周の角度が365度でなく、360度であることには、もう1
つ大きなポイントがある。その第二の理由とは、私が勝手に考えた**大家族の
ケーキ問題**である。

　少し話が脱線するが許してほしい。私は3人兄弟であったが、兄弟の年齢が近かったため、おやつを分けるとき「どちらが大きいか、小さいか」ということは非常に大きな問題となっていた。当時の私の家庭では、バームクーヘンやケーキはある種の贅沢品であり、兄弟間で公平に分けないと喧嘩になることがあった。丸いバームクーヘンやホールケーキなどでは、公平に分けるために分度器を取り出し、可能な限り正確に測定して公平に分割していた。当然、実際にカットするときに誤差が生じるので、最後はジャンケンによって食べるカットが決まる。

　さて、私自身の家族の話を前置きとして、図2.4のように1つのホールケーキを家族で平等に分けることを考えてみよう。今、A君とB君とC君とD君という4人がいたとする。A君は3人家族、B君は4人家族、C君は5人家族、D君は6人家族とする。このとき、360度の分度器を使えば、一人あたりのケーキの角度は、

- A君（3人家族）：360度／3人＝120度
- B君（4人家族）：360度／4人＝90度
- C君（5人家族）：360度／5人＝72度
- D君（6人家族）：360度／6人＝60度

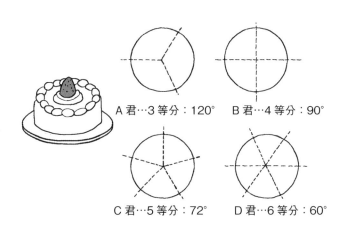

A君…3等分：120°　　B君…4等分：90°

C君…5等分：72°　　D君…6等分：60°

図2.4：大家族のケーキ問題

となり、いずれの家庭もピッタリと分けることができ、家族間の喧嘩が回避される。このように考えていくと、家族の人数が8人、9人、10人、12人と大家族になっても問題なくピッタリ分けることができるのがわかる。

　つまり、360は割り切れる数が非常に多く、1から10までのうち割り切れないのは7だけであり、さらに1〜360の数では1と360を除き、割り切れる数は22個にもなる。このように、円の角度を360度にしておくと、計測や設計など様々な場面で非常に便利に使える。これが365だったら1と365を除き、割り切れる数は2つ（5と73）しか存在しない。おそらく昔の人はこの360の便利さを十分理解して、円を365度ではなく、あえて360度に定義したのであろう。

　さて、角度に「度」を用いる由来はわかった。では、なぜ高校生になるとわざわざラジアンという単位を使うのだろうか？　そもそもラジアンとはどのように定義されているのだろうか？　前述したように単位は勝手に人間が決めたものである。何かそれを使うメリットが存在するはずだ！

　ラジアンの定義は高校数学の授業で習うと思うが、改めてラジアンの定義について説明しよう。角度をラジアンという単位で測ることを**弧度法**という。この弧度法は、実は小学生の高学年でも理解できる簡単な話である。

　今、図2.5の点線で示すように1つの円があったとする。話を簡単にするため、この円の半径 r は $r = 1$ とする。r の単位はメートルでもセンチメートルでも何でもかまわないが、とにかく値は1である。このとき、円周率を $\pi = 3.1415\cdots$ とすると、この点線で示された円の円周の長さ l は $l = 2\pi r$ に $r = 1$ を代入して、

$$l = 2\pi \tag{2.2}$$

となる。

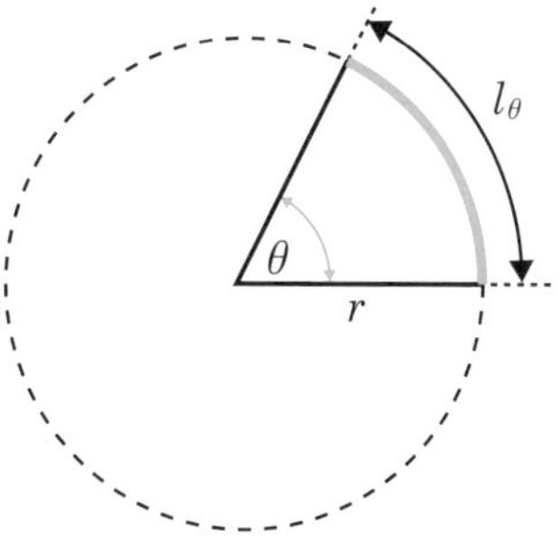

図2.5：ラジアンと弧度法

　さて、この円の中心から円周まで直線を引き、これを基準線とする。基準線からの角度を θ とし、この角度における**円弧の長さ**を l_θ とする。ここで、この角度 θ に対する円弧長 l_θ の変化に注目し、この円弧が

(1) $\dfrac{1}{4}$ 円の場合（度数法で $\theta = 90°$）

(2) 半円の場合（度数法で $\theta = 180°$）

(3) 円の場合（度数法で $\theta = 360°$）

について円弧の長さ l_θ を計算して比較してみよう。すると、

(1) $\dfrac{1}{4}$ 円の場合（$\theta = 90°$）：$l_\theta = \dfrac{2}{4}\pi = \dfrac{\pi}{2}$（$\fallingdotseq 1.5708$）

(2) 半円の場合（$\theta = 180°$）：$l_\theta = \dfrac{2}{2}\pi = \pi$（$\fallingdotseq 3.1416$）

(3) 円の場合（$\theta = 360°$）：$l_\theta = 2\pi$（$\fallingdotseq 6.2832$）

となる。上記のように、この円弧の長さ l_θ と角度 θ は比例関係にある。そこで、**角度そのものを円弧の長さ l_θ で表現してやろうというのが、弧度法の考え方**である。

　今回の例では話を簡単にするために、円の半径 r を $r = 1$ として考えたが、

より厳密に言えば、**弧度法で表現される角度 θ [ラジアン] は半径を r とし
たときの円弧長 l_θ の比率**であり、以下のように定義される。

弧度法の定義

　図2.5のように、半径 r の円弧において、円弧の長さを l_θ としたとき、
角度 θ を以下のように定義する方法を弧度法といい、そのときの角度の
単位をラジアン（rad）で表す。

$$\theta = \frac{l_\theta}{r} \quad [\text{rad}] \tag{2.3}$$

　仮に半径 r、円弧 l_θ の単位をメートルで考えたときは、ラジアンの単位は
$\theta = \frac{l_\theta}{r}$ [m/m] となり、厳密には無次元量となる。無次元量とは、メートルと
かキログラムなどの単位がない量のことである。今回の場合にはメートルを
メートルで割っているので、分母分子の単位が相殺されて単位がなくなる。
　ただし、単位がなくなったままだと少しわかりにくいので、あえて [rad]
という単位を表記する。これはラジアンの英語表記「radian」を省略したも
のである。

　このラジアンの定義に従えば、角度 θ を度数法において表現した値を
θ_{DO} [°] とし、弧度法で表現した値を θ_{RAD} [rad] とすれば、$\theta_{RAD} = \frac{l_\theta}{r}$ より
θ_{RAD} は円弧の長さを計算して半径 r で割ればいいので、以下の関係を得る。

$$\theta_{RAD} = 2\pi r \times \frac{\theta_{DO}}{360} \div r = 2\pi \times \frac{\theta_{DO}}{360} \quad [\text{rad}]$$

　先述したように、弧度法が少しややこしく感じるのは、角度は数値のはず
なのに、π などという文字が入っている点であると考えられる。π 自体は円
周率であり、$\pi = 3.1415\cdots$ と数字が永遠に続くのでスペース的な問題から、

それをπという文字で代用しているだけである。そこで、π ≒ 3.14で近似して、その数値を考えると少しわかりやすいかもしれない。

近年では、大学生の学力不足が教育現場で大きな問題となっているが、理工系の学部においても、度数法（°）と弧度法（rad）の違いやそれぞれの数値への変換が理解できていない学生は多い。弧度法において度数法との違いは単に**物差しの目盛りの違い**だけである。

そこで紹介したいのが、筆者が開発した図2.6の**ラジアン分度器**である。これは通常の分度器が度数法で数値の目盛りを表記しているのに対し、弧度法の数値で表記したものである。つまり、従来の度数法では半周が180刻みであったが、この弧度法では半周で約3.1刻みとなっており、一目で角度をラジアンの数値で計測できる。このラジアン分度器を用いれば、πという呪縛から解き放たれ、学生のトラウマを少しでも緩和できると考えられる。このラジアン分度器は筆者の自作のものであり、一般に購入できない。しかし、特許も何も取っていないので、志のある会社に、高校生の数学習熟度のレベルアップのために一般販売を企画してもらいたいものである。

なお、ラジアンはSI単位系（国際単位系）であり、度（°）はSI併用単位として認められており、両者とも国際的に用いられている。

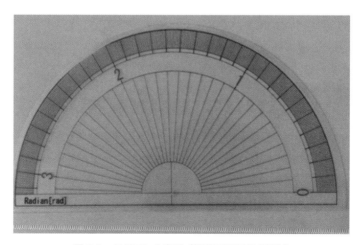

図2.6：ラジアン分度器（筆者の研究室で製作）

2.1.4　ラジアンを使うメリットとは

　さて、ラジアンを用いる弧度法については理解できたと思う。しかし、それでもまだ大きな問題が残っている。それは

「なぜ、わざわざラジアンを用いるのか？」

ということである。ラジアンを用いるメリットがないなら、わざわざ弧度法を用いることなく、中学校までの慣れ親しんだ度数法を用いればよいはずである。しかし、やっぱり人間が勝手に作った単位だから、何かしらメリットは存在する。角度の単位にラジアンを使うメリットは主に以下の2つである。

- 扇形において角度 θ の孤の長さと面積が容易に計算できる。
- 三角関数における微分（積分）の計算が容易となる。

　まず、第一のメリットであるが、これはラジアンの定義から容易に理解できよう。式（2.3）より、弧度法による角度 θ [rad] はその角度の円弧の長さを半径 r で割ったものだから、円弧長 l_θ は単純にラジアン単位の角度 θ と半径 r を掛け合わせて、

$$l_\theta = r\theta$$

と簡単に計算できる（図2.7）。また、その扇形の面積 S は

$$S = \pi r^2 \times \frac{r\theta}{2\pi r} = \frac{r^2\theta}{2}$$

となり、θ に $\frac{r^2}{2}$ を掛けることで簡単に計算できるのである。

　しかし、それでもこの第一のメリットでは、いまいちパンチが足りない。正直なところ、それほど大きなメリットではないように思える。やはり、大きなメリットは第二のメリットであろう。微分・積分の話題については後の第4章にて取り扱うが、ここでは三角関数の微分の公式を思い出そう。高校数学では三角関数をそれぞれの角度で微分した公式として次の関係を学ぶ。

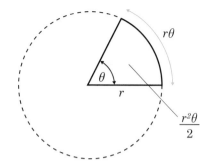

図 2.7：弧度法のメリットの 1 つ（弧の長さと面積の計算が容易）

$$(\sin \theta)' = \frac{d \sin \theta}{d\theta} = \cos \theta$$

$$(\cos \theta)' = \frac{d \cos \theta}{d\theta} = -\sin \theta$$

　公式といってもシンプルなものなので、比較的覚えやすいであろう。ただし、実はこれらの公式は、角度 θ の**単位がラジアンのときにしか通用しない。**これを厳密に証明すると少し長くなるので、以下では参考として図を用いて簡単に説明しよう。少し複雑なので、興味のない人は飛ばしてもらってかまわない。

ラジアンのときに三角関数の微分公式が成立する説明

　図 2.8 を見てほしい。今、半径 1 とする円を考え、その半径を斜辺とし、底辺が x 軸上にある三角形（青色）が第一象限にあったとする。このとき、斜辺と底辺のなす角度を θ とする。ここで、角度の単位をラジアンでとる。さらに、この斜辺から微小な角度 $d\theta$ を考え、この $d\theta$ の上下 2 つの半径で挟まれる二角形を考える。このとき、角度 $d\theta$ は微小で無限に小さいため、図の線分 AB の長さは AB 間の円弧の長さに等し

いと見なしてよく、$\overline{\mathrm{AB}} = \overparen{\mathrm{AB}}$ となる。これは、弧度法の定義より、角度 $d\theta$ における弧 AB の長さであり、以下で与えられる。

$$\overline{\mathrm{AB}} = \overparen{\mathrm{AB}} = d\theta \tag{2.4}$$

今、この $\overline{\mathrm{AB}}$ を斜辺に持ち、残りの辺が x 軸と y 軸に平行なグレーの小さな直角三角形を考えよう。図 2.8 の右図は 2 つの三角形の関係を強調して描いたものである。このとき、グレーの三角形の高さを dy とする。dy は微小な y 軸方向の値を意味する。さらに同様にこの三角形の底辺を x 軸方向の値として考える。ただし、この x 軸方向の底辺は θ が増加すると、x 軸のマイナス方向に増加していくので、この正負を考慮して底辺の長さを $-dx$ と表そう。このとき、大小 2 つの三角形はそれぞれの 3 つの角度が等しいから、相似の関係にあることに注意する。

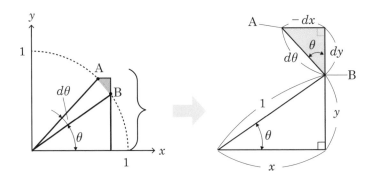

図 2.8：三角関数の微分を図形的に考える（ラジアンの場合）

ここで、大きいほうの青色の三角形に注目すると次式が成立する。

$$x = \cos\theta , \qquad y = \sin\theta$$

さらに、$\sin\theta$、$\cos\theta$ に対する微分 $\dfrac{d\sin\theta}{d\theta}$、$\dfrac{d\cos\theta}{d\theta}$ に上式を代入すれば 2 つの三角形が相似である条件から、以下の関係を得る。

$$\frac{d\sin\theta}{d\theta} = \frac{dy}{d\theta} = \frac{x}{1} = \cos\theta$$

$$\frac{d\cos\theta}{d\theta} = \frac{dx}{d\theta} = \frac{-y}{1} = -\sin\theta$$

上式のように、このシンプルな三角関数の微分の公式は弧度法を使ったラジアンの角度のみに適用されるのである。

それでも読者の中には、「三角関数そのものも実際の社会にどのように役に立つかわからないのに、その三角関数のさらに微分なんて、一体何の役に立つのよ？」という意見があるかもしれないが、それは本書の後の章で明らかになるだろう。

2.2 三角関数を用いた三角測量

2.2.1 伊能忠敬の目的とは

さて、ラジアンの定義や特長が理解できたところで、いよいよ三角関数が実際にどんなところで使われているのかを解説していこう。実際のところ、この三角関数は経済、経営、土木、建築、機械、情報、電気、天文などの非常に多くの分野で使われている。

これらの実用例はあまり知られる機会が少ないので、一般の人に利用価値がないと誤解されてしまうのも仕方ないかもしれない。しかし、この三角関数のおかげで発電所で効率よく電気を発生させ、自動車が動き、スマホが利用できているといっても過言ではない（必ずしも、三角関数だけでなく、高校数学の全般についていえることだが）。

まずは初学者にもわかりやすい例として、三角関数を用いた測量についてお話ししよう。三角関数を使った測量技術の歴史は非常に古いが、ここでは

日本で行われた有名なものを紹介しよう。なお、以下では特に断りがない限り、角度の単位は弧度法を用いる。

　皆さんは中学の歴史で習う伊能忠敬（1745 – 1818 年）を覚えているだろうか？　江戸時代後期に全国を測量し、日本で初めて高精度な日本地図を完成させた人物である[3]。この伊能忠敬、測量や地図で有名だが、実は天文学にも通じた人物であった。そして、本人は地図の作成よりも**他に目的**があった。それは**地球の大きさを知る**ことであった。当時は、地球が丸いことは知られていた。しかし、伊能忠敬はその大きさを正確に知らなかった。

　そこで、伊能は異なる 2 つの観測点で北極星の高さ（角度）を観測し、その角度と 2 点間の距離から地球の大きさを測定しようとしたのである。計測する 2 点はできるだけ離れたほうが精度が高く、伊能忠敬が希望する精度では江戸と北海道（蝦夷地）くらい離れている必要があった。しかし、当時、蝦夷地に行くには江戸幕府の許可が必要であり、単に「地球の大きさを知りたいから」では幕府の許可が下りない。そこで、「日本の正確な地図を作る」ことを名目として、幕府に蝦夷地行きの許可を申請したのである。当時は、ロシアを含む欧米列強の船が日本近辺に現れ始めており、幕府は国防のために正確な地図を必要としていた。そのため、蝦夷地での測量を許可したのである。

　さて、その伊能忠敬による地球の大きさの測定方法を簡単に示したのが図 2.9 である。この例では、2 点（A と B）において星の角度 θ_A, θ_B を計測する。星は十分に遠いので、各点から星までの直線は平行と見なせる。次に 2 点と地球中心のなす角度 θ は 2 つの角度の差、つまり、

$$\theta = \theta_A - \theta_B \tag{2.5}$$

から求まる（この計算の詳細は後述の補足を参照のこと）。地球の半径を r としたとき、2 点間の弧の長さ d がわかれば、弧度法の定義より $d = r\theta$ であるから

---

3. 厳密には忠敬は日本地図の完成前に死去し、弟子たちが完成させている。後にシーボルト（1796-1866 年）がこの精密な地図を国外に持ち出そうとし、シーボルト事件が起こっている

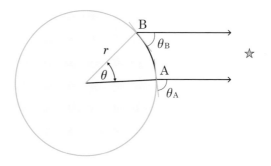

図2.9：伊能忠敬の計測

$$r = \frac{d}{\theta}$$

を計算することで地球の大きさ（半径 r）を求めることが可能となる。伊能忠敬は歩いて江戸と蝦夷地の間の距離 d を求め、さらにその2点で星の角度 θ_A，θ_B を計測して、地球の大きさを知ろうとしたのである。

　なお、余談ではあるが、アメリカのペリー提督が黒船とともに日本に来航したときに、伊能忠敬たちが作った日本地図を目にし、あまりに精度の高い地図にビックリし、日本の技術力の高さに侵略をあきらめたという逸話がある。

式（2.5）の導出

　式（2.5）における $\theta = \theta_A - \theta_B$ について補足しておく。図2.9に計測点 A と B における接線を考え、図2.10を作る。図2.10の右下にできあがった三角形に注目すると、(1) の角度は $\pi - \theta_A$ となる。次に同じ三角形で θ_B の錯角に注意すれば、(2) の角度は

$\pi - \theta_B - (1) - \theta_A - \theta_B$ となる。

　次に角度 (3) に注目すれば、(3) = π − (2) = π − (θ_A − θ_B) となる。

最後に、角度 θ を内角の 1 つとし、2 つの接線と 2 つの半径で作られる四角形に注目すると、四角形の内角の和は 2π より (4) の角度 θ は

$$\theta = 2\pi - 2 \times \frac{\pi}{2} - (3)$$
$$= \theta_\mathrm{A} - \theta_\mathrm{B}$$

となる。

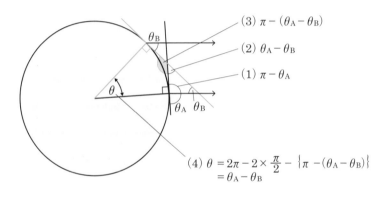

図 2.10：式 (2.5) の導出（θ，θ_A，θ_B の関係）

2.2.2 基本的な三角測量

さて、その伊能忠敬が日本地図を作製したときの基本技術が**三角測量**である。三角測量は三角関数の最も有効な使い道の 1 つであろう。この三角測量は、大昔から現在までも使われている有効な測量技術である。三角測量の簡単な例が図 2.11 に示すものである。この図では木の高さ h を知るために、木の影の長さ l と太陽の角度 θ を計測することで、以下の式より h を求めることができる。

$$h = l \tan \theta$$

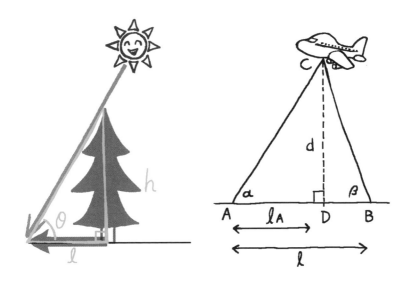

図 2.11：最もシンプルな三角測量の例 　　　　図 2.12：距離計測の例

　上の例では、木と地面との交点から計測点までの長さ l を知る必要があった。しかし、必ずしも対象物から地面への垂線の位置がわかるとは限らない。そんなときでも三角測量は力を発揮する。例えば、図 2.12 のように飛行機の高度を求めたいとする。具体的には、直線上の 2 点（A と B）があったとき、点 C と直線 AB との距離 d を求めたい。このとき、AB 間の距離を l、点 C から直線 AB に下ろした垂線と直線 AB との交点を D とし、点 AD 間の距離を l_A とおく。点 A における角度 ∠CAB を α、点 B における角度 ∠CBA を β とおく。そして、角度 α と β は測定により実際の値を知ることができるものとする。

　ここで、角度 α と β に関してそれぞれ次式が成立する。

$$d = l_A \tan\alpha \qquad\qquad (2.6)$$
$$d = (l - l_A)\tan\beta$$

従って、上の2つの式より

$$l_A \tan\alpha = (l - l_A)\tan\beta$$

が成立する。さらに上式を式変形すれば、

$$l_A(\tan\alpha + \tan\beta) = l\tan\beta$$
$$l_A = \frac{l\tan\beta}{\tan\alpha + \tan\beta}$$

となり、l_A を得ることができる。さらに、これを式（2.6）に代入すれば、

$$d = \frac{l\tan\alpha\tan\beta}{\tan\alpha + \tan\beta}$$

として距離 d を得ることができる[4]。

　このような三角測量の技術は、単に土木や建築だけでなく、天文学にも利用されている。例えば、夜空にきらめく星の多くは、何光年もの距離に存在する。それらの星と地球の距離を求めるときにこの技術を利用するのである。先ほどの飛行機の距離と同様に、異なる2点で星との角度を計測するのであるが、星は地球から非常に遠くに存在するために、**地球上の異なる2点からの計測では精度よく測量ができない**。

　そこで図2.13のように地球の公転を利用して角度 θ を計測し[5]、測量対象の星と太陽との距離（もしくは星と地球との平均距離）を d とすれば、地球から太陽までの距離 R を利用することで、$R = d\tan\theta$ より

$$d = \frac{R}{\tan\theta}$$

4. さらに式を変形してもう少し整理できるが、本書ではここまでにとどめておく
5. 角度 θ の計測には年周視差という概念を利用する

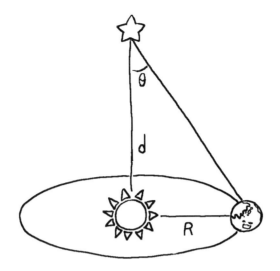

図 2.13：地球の公転を利用した星までの距離の計測

で計算できるのである。

2.2.3 エコ住宅への応用

次にもう1つ、三角関数の基本概念を利用した応用例を説明しよう。今度は先ほどの天体との距離のような壮大なスケールの話ではなく、皆さんの生活にかなり密着した住居の話である。

2011年3月に起きた未曾有の大災害、東日本大震災の原発事故の影響で、近年は省エネルギー化が今まで以上に重要となっている。家庭のエネルギー消費のうち冷暖房によるものが全体の約30%もを占めている（「資源エネルギー庁　エネルギー白書 2020」より）。従って、家庭や職場の冷暖房の省エネルギー化を図ることは、国全体の省エネルギー化の有効な手段の1つと言える。

冷暖房の省エネルギー化において、ポイントの1つは太陽のエネルギーを積極的に利用することであろう。この太陽光の利用は、大別すると「アクティブソーラー」と「パッシブソーラー」の2つに分けられる。

　前者のアクティブソーラーとは、太陽光パネルや太陽光温水器などの機器を利用して、能動的（アクティブ）に太陽光エネルギーを電気エネルギーや給湯などに利用する方法である。特に近年では太陽光パネルを利用した発電が盛んに行われている。しかし、一般にアクティブソーラーには高価・複雑な電気・機械パーツを必要とするため、故障などが起こりやすい。また、コストやメンテナンスの面からの問題点も多い。

　一方、後者のパッシブソーラーとは、例えば、太陽光を直接的に部屋に取り入れ、自然の太陽光によって部屋を暖めたり、照明の代わりに用いる方法である。また、その逆に太陽光を遮り、部屋の温度上昇を抑える場合もある。太陽のエネルギーを受動的（パッシブ）に利用するため、パッシブソーラーと呼ばれる。夏に窓を「すだれ」などで遮光したり、ゴーヤなどの植物を育てて遮光するなどして室温を調節する方法もパッシブソーラーの1つといえる。パッシブソーラーは多くの場合、比較的安価で故障もメンテナンスも少ないといった利点がある。今回紹介する三角関数の応用例は、このパッシブソーラーと関係がある。

　このパッシブソーラーの最も基本的な考え方は、夏は部屋に直接入ってくる太陽光を最小にして温度上昇を抑え、冬は入ってくる太陽光を最大にして部屋の温度を上げる方法である。そのため、パッシブソーラーを考慮した建物では、四季による太陽の動きを考慮して、図2.14のように庇や上階のベランダを設計する。

　今、南向きの部屋の奥行をL、高さをH、庇やベランダの長さをxとし、夏における標準的な太陽の角度をθ_S、冬における標準的な太陽の角度をθ_Wとする。このとき、図2.14より、

$$\tan\theta_S = \frac{H}{x}$$
$$\tan\theta_W = \frac{H}{L+x}$$

を満たすように庇や部屋の形状を設計すれば、夏には太陽光を遮光すること

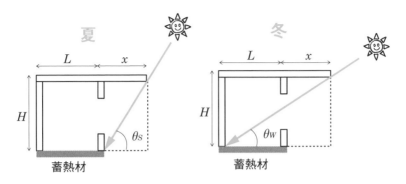

図 2.14：パッシブソーラーによる部屋の設計

で室内は涼しくなる。一方、冬には室内にふんだんに太陽光を取り入れ、明るく暖かく、さらに南側から入射する太陽光が部屋の壁や床などの蓄熱性の高い石やコンクリートに当たることで、夜になっても蓄熱材に蓄えられた熱の放出により暖かさが持続する、といったことも可能となる。この方法を利用すれば、故障もなく、夏にわざわざゴーヤを植えなくともよく、メンテナスの面でもコストの面でも、省エネ効果が高い。

このタイプのパッシブソーラーによって設計されている建物では、太陽の高さによって庇やベランダの長さが決まるため、建物の土地の緯度によってこれらの長さが異なる。従って、パッシブソーラーの建物は北海道と沖縄では、庇やベランダの長さに大きな違いが生じる（はずである）。

2.3 ロボットと三角関数

2.3.1 ロボットアームの図形的関係

次に三角関数をロボットに使用している例を紹介しよう。ロボットといえば、読者の皆さんは何をイメージするだろうか？　日本人の多くの人がイメージするのは、やはりアニメのガンダムだったり、エヴァンゲリオンだったり、もしくは ASIMO などのようなヒュ　マノイドロボット（人間型ロボット）ではないだろうか。しかし、ロボットという言葉は、ヒューマノイドロ

ボットだけを意味するものではない。産業ロボットや無人飛行機、ドローン、自動車の無人運転、戦車タイプの移動ロボットなどもロボットのカテゴリに入る場合がある。

それでも、やはり、ヒューマノイドロボットはロボット界の花形である。現在、図2.15のように本田技研のASIMOやシャープのRoBoHoN、ソフトバンクのPepperなどに代表されるヒューマノイドロボットが我々の生活の中にも浸透してきている。一昔前には夢物語であったヒューマノイドロボットが実用化・商品化されているのだ。

このようなヒューマノイドロボットを動かすには、人工知能や画像処理、歩行、ハンドによる把持[6]など多くの技術を必要とする。そんな様々な技術を必要とするヒューマノイドロボットではあるが、本章では**ロボットアームの制御**に焦点を当ててみよう。ロボットアームとは文字通り、ロボットの腕のことである。図2.16のようなロボットアームをイメージしていただければよいだろう。このようなロボットアームはロボットマニピュレータとも呼ばれる。また、「制御」とは「制する」と「御する」との言葉より成り立ち、簡単に言えば**コントロール**することをイメージしてもらえばよいだろう。従って、ロボットアームの制御というのはロボットのアームをコントロールすることを意味する。

三角関数のロボットアーム制御での利用を語るうえで、説明を簡単にするために、図2.17のような平面内で動くロボットアームを考えよう。通常、ロボットアームは関節、手先、リンクの3つの要素で構成されている。関節には関節を駆動させるモータや関節角度を計測する角度センサなどが内蔵されている。手先にはハンドなど実際に作業を行うパーツがあり、リンクとは関節部と関節部（もしくは手先部）をつなぐ棒状のパーツである。

今回の例では図2.17に示すようにロボットアームは土台に固定されており、2つのリンクと2つの関節を持つ。この2つの関節にはモータと角度センサが仕込まれており、関節を駆動させることで、手先の先端である点Pの座標(x, y)を制御できるものとする。関節1の回転中心はxy平面上の原点Oと一致しているとする。

ヒューマノイドロボットなどの最新のロボットを見慣れた多くの読者に

図2.15：ヒューマノイドロボット Pepper（左）、ASIMO（右）
© PA Photos/amanaimages ©Hitoshi Yamada/amanaimages

図2.16：ロボットアーム ©imagewerks RF/amanaimages

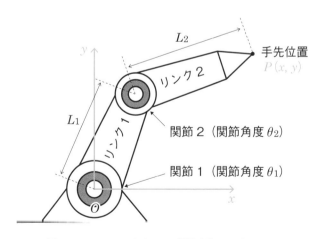

図2.17：2つのリンクと2つの関節を持つロボットアーム

図 2.18：産業用ロボット　©MAXIMILIAN/orion/amanaimages

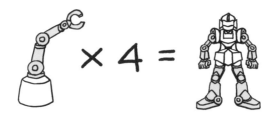

図 2.19：4 つのロボットアームを組み合わせればヒューマノイドロボットの手脚となる

とって、今回のロボットアームの例は少し地味に見えるかもしれない。しかし、実際にこのような構造は産業用ロボットに多く用いられている（図 2.18）。また、図 2.19 のように 4 つのロボットアームを組み合わせることで、腕 2 本、脚 2 本を有するヒューマノイドロボットが完成する。このロボットアームの構造は一般のロボットにとって基本中の基本といってもいい。

このロボットアームの関節を駆動させ、関節角度（θ_1，θ_2）を変化させる

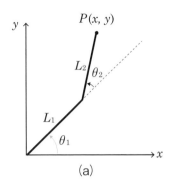 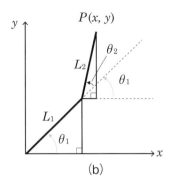

図 2.20：ロボットアームの順運動学

ことで手先位置 $P(x, y)$ を制御することを考えよう。2つの関節はそれぞれの関節内部に組み込まれたモータによって任意の角度に制御できるものとし、関節角度 (θ_1, θ_2) は角度センサによって計測できるとする。また、リンクの長さ L_1, L_2 の値はロボットを設計した際にわかっており、その値は一定であるとする。

今、ロボットアームが動作をして、ある瞬間の関節角度 (θ_1, θ_2) が計測されたとする。このとき、例えば障害物などが存在するときなどに障害物回避のために「現在の手先位置 $P(x, y)$ が実際にどの位置に存在するのか」を知る必要がある。

手先位置 $P(x, y)$ の実際の位置を知る1つの方法は、カメラなどを使って直接的に手先位置を計測する方法である。しかし、カメラによる計測は周囲の光量の影響を受けやすく、ちらつきが発生し、精度の高い位置計測には不向きな場合が多い。そこで他の方法として、関節の内部に組み込まれた角度センサによって計測された関節角度と三角関数を用いて、**関節角度から手先位置を図形的に求める方法**がある。

ここで、ロボットアームを線と点で簡略化して描き、2つの関節角を図 2.20 (a) のように定義しよう。リンク1 (L_1) と x 軸とのなす角は θ_1 であ

り、リンク1の延長線とリンク2（L_2）のなす角をθ_2とする。リンク2とx軸とのなす角は、中学で習った同位角の関係より$\theta_1 + \theta_2$で表現される（図2.20(b)）。ここで、関節角の値から手先位置を計算するために、図2.20(b) のようにそれぞれ、x軸とy軸に平行な補助線を考えよう。すると、リンク長L_1，L_2を斜辺とする2つの直角三角形ができる。手先位置のx座標は2つの三角形の底辺の和で表され、手先位置のy座標は2つの三角形の高さの和で表される。従って、手先位置（x，y）は関節角度θ_1とθ_2を用いて以下で示される。

$$\begin{cases} x = L_1\cos\theta_1 + L_2\cos(\theta_1 + \theta_2) \\ y = L_1\sin\theta_1 + L_2\sin(\theta_1 + \theta_2) \end{cases} \tag{2.7}$$

　上式を利用することで、関節に組み込まれた角度センサによって計測される関節角度（θ_1，θ_2）と図形的な関係から、手先位置（x，y）を計算することができる。このような計算はロボット工学において**順運動学**と呼ばれ、実際にロボットの手先運動を知るために用いられている技術である。三角関数は最新のロボットを動かすうえで、なくてはならないものなのである。

　前記の例では、簡単のため2つの関節を持つロボットアームに話題を絞ったが、この順運動学は何も腕（アーム）に限った話ではない。例えば、図2.21のようなヒューマノイドロボットを考えよう。この図では、ロボットの状態を点と線で表現している。ただし、話を簡単にするために、平面内の動きについてのみ考える。

　このヒューマノイドロボットの特定の点に座標の原点を設ける。仮に頭部にカメラが搭載されていたとしても、その搭載カメラで2本のアームの手先位置と2本の足先位置、頭部の位置を同時に計測することはできない。そこで、先ほどと同様の順運動学を用いて、各関節角度を計測し、三角関数を介して、これらの手先位置、足先位置、頭部位置などを知ることができるのである。また、ヒューマノイドロボットを二足歩行させる場合には、足先の位置のみならず、全体の重心位置を計算する必要があるが、その目的にも順運動学は利用されている。

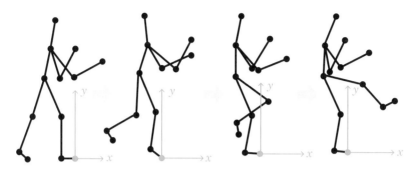

図 2.21：ヒューマノイドロボットの脚や脊椎，腕の順運動学のイメージ

2.3.2　ロボット工学における正弦定理と余弦定理の利用例

　さて、高校数学において三角関数の理解を妨げる理由はいくつかあるが、その 1 つが三角関数に関して、利用価値のわからない[7]いくつかの公式を覚える必要があることであろう。例えば、加法定理、正弦定理、余弦定理などである。確かに、公式を覚えるにしても、実際の社会でどのように利用されているかが不明のままではモチベーションも上がらないだろう。そこで次に三角関数の公式として正弦定理と余弦定理の使用例について説明しよう。

　まずはこれらの公式を以下に記す。

正弦定理と余弦定理

　図 2.22 の三角形において、辺の長さ a，b，c と 2 つの辺で作られる角度 A，B，C には以下の関係が成立する。これを **正弦定理** という。

$$\frac{a}{\sin A} = \frac{b}{\sin B} = \frac{c}{\sin C} \tag{2.8}$$

---

[7]. と筆者も高校生当時は思っていた

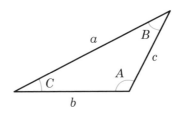

図2.22：正弦定理と余弦定理（三角形の辺と角度の関係）

また、3つの辺の長さと1つの角度の間には以下の式が成立する。これを**余弦定理**という。

$$a^2 = b^2 + c^2 - 2bc \cos A \qquad (2.9)$$
$$b^2 = c^2 + a^2 - 2ca \cos B \qquad (2.10)$$
$$c^2 = a^2 + b^2 - 2ab \cos C \qquad (2.11)$$

先ほどの2つのリンクと2つの関節を持つロボットアーム（図2.17）に再び登場してもらおう。先述した順運動学では、関節角度から図形的な関係を考慮してアームの手先位置を計算した。この方法によって、関節内の角度センサによってロボットアームの運動中の関節角度を計測し、そのときの手先位置を知ることができた。

では、次に「ロボットアームの手先を目標の手先位置に制御したいとき」について考えてみよう。例えば、ロボットアームの近くに物体があるとき、ロボットアームの手先位置をその物体の位置まで移動させ、ハンドでその物体をキャッチすることを考えよう。

これまでと同様、図2.23のように運動を xy 平面内に限定したロボットアームを想定する。アームの手先でキャッチしようとする物体の位置を点 D とし、その座標を (x_d, y_d) とする。また、ロボットアームの肩関節の回転中心を座標原点にとり、手先位置を $P(x, y)$ とする。

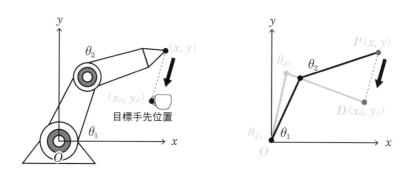

図2.23：ロボットアームを使って物体を把持する図

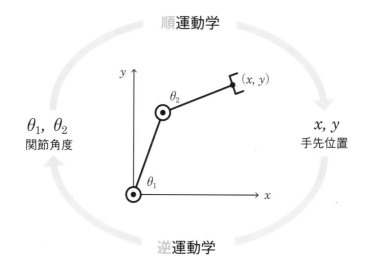

図2.24：ロボットアームの順運動学と逆運動学の関係

　　ここで各関節は、コンピュータ制御などで任意の角度にコントロールできるとする。肩関節角 θ_1 と肘関節角 θ_2 をどのような角度にすれば、手先位置 P を目標位置 D と一致させ、ロボットアームで目標の物体をキャッチできるのだろうか？

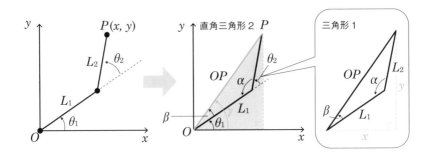

図 2.25：ロボットアームの逆運動学

　この問題は先述した順運動学の計算とは「逆の存在」であることがポイントである。つまり、前節の順運動学では、関節角度（θ_1, θ_2）がわかった際に手先位置（x, y）を図形的に計算する方法であり、一方、今回の場合は、手先位置（x, y）が与えられた際に、そのときの関節角度（θ_1, θ_2）を図形的に計算する方法である。このように、順運動学の反対に、手先位置から関節角度を求める計算をロボット工学では**逆運動学**という。図 2.24 に示すように、この順運動学と逆運動学は、いわばコインの裏と表のような関係であるが、似ているようで、その計算方法はまったく異なる。この逆運動学の具体的な計算方法を考えよう。

　まず手先位置 $P(x, y)$ が目標の位置 D に一致したとする。このときの関節角 θ_1, θ_2 を求めよう。

　逆運動学を計算する際には、補助線と補助的な角度を新たに設定する。今、図 2.25 のようにロボットアームを簡略化して描き、原点 O と手先位置 P の間に補助線 OP を考える。さらに、辺 OP, L_1, L_2 で囲まれる三角形 1 と、P から x 軸に下ろした垂線と OP, x 軸とで作られる直角三角形 2 を考える。この 2 つの三角形において、新たに補助的な角度として、角度 α, β, γ [rad] を考えよう。もし、この 3 つの角度が計算できれば、目的である θ_1 と θ_2 は以下のように計算できる。

$$\theta_1 = \gamma - \beta \qquad\qquad (2.12)$$

$$\theta_2 = \pi - \alpha \qquad\qquad (2.13)$$

そこで 2 つの三角形から α，β，γ を求める方法を考えよう。ここでのポイントは手先位置 $P(x, y)$ とリンク長さ L_1 と L_2 の値は既知である点である。

最初に三角形 1 の辺 OP の長さを計算しよう。2 点の座標は $O(0, 0)$ と $P(x, y)$ であるから、2 点間の距離の公式より [8]、

$$OP = \sqrt{x^2 + y^2}$$

となる。よって手先位置 (x, y) がわかれば、三角形 1 の 3 つの辺の長さ OP，L_1，L_2 の値を得ることができる。この三角形 1 について、式（2.9）の余弦定理を用いて各辺の長さと角度 α の関係を利用すれば、

$$OP^2 = L_1^2 + L_2^2 - 2L_1L_2\cos\alpha$$

の関係式が得られる。従って、上式より次のように $\cos\alpha$ の値を得る。

$$\cos\alpha = \frac{L_1^2 + L_2^2 - OP^2}{2L_1L_2} \qquad\qquad (2.14)$$

あとは、式（2.14）に L_1，L_2，OP の値を代入し、$\cos\alpha$ の数値を満たす角度 α を見つけてやればよい。このように $\cos$ の数値が与えられたとき、それを満たす角度を知る方法はいくつかある。例えば数学の教科書の最後のほうに載っている三角関数表から調べる方法もあるし、他にも**逆三角関数**を用いてエクセルや関数電卓などから計算する方法もある。逆三角関数については高校では習わないので、以下で補足しておく。ただし、補足は飛ばして読

---

8. 2 点間の距離の公式を暗記しなくても、三平方の定理（ピタゴラスの定理）を用いることでも計算できる

んでもらってもかまわない。

逆三角関数についての補足

はじめに通常の三角関数の計算で、以下の式があったとする。

$$y = \sin\theta$$

この式では、角度 θ の値を sin に入力することで、結果として $\sin\theta$ の値、つまり y の値を求める。例えば、図 2.26 の例をとって考えると、$\theta = \dfrac{\pi}{6}$ [rad]（ $= 30$ [°] ）の場合では、$y = \sin\dfrac{\pi}{6} = \dfrac{1}{2}$ となる。

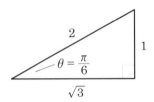

図 2.26：直角三角形と辺長の例

一方、これとは逆に、具体的な数値は不明である角度 θ に対して、$\sin\theta$ の値がわかっており、その $\sin\theta$ の値から角度 θ を逆算したい場合がある。このような場合に θ を逆算するには、arcsin（アークサイン）という関数を用いて計算できる。例えば、今回の場合では、sin の値が、$\sin\theta = \dfrac{1}{2}$ とわかっていたとする。このときに角度 θ を計算するには

$$\theta = \arcsin\left(\frac{1}{2}\right)$$

と表記し、結果として $\theta = \dfrac{\pi}{6}$ を得る。

上記の例では θ が $\dfrac{\pi}{6}$ と非常に計算しやすい場合であったが、多くの場合には、このようなキリのいい数字とならない。そこで通常は、三角

関数表や三角関数の計算が可能な電卓（関数電卓）、パソコンのエクセルなどを使って求める。ただし、電卓やパソコンなどを用いる場合は、出力される角度の単位は通常はラジアンであることに注意が必要である。

　このように、通常の三角関数とは逆の計算を行う関数を逆三角関数とよび、arcsin（アークサイン）以外にも、cos に対応した arccos（アークコサイン）、tan に対応した arctan（アークタンジェント）が存在する。つまり、

$$y = \cos\theta$$
$$y = \tan\theta$$

というそれぞれの式に対し、

$$\theta = \arccos y$$
$$\theta = \arctan y$$

が成立する。これらの逆三角関数は高校数学には登場しないが、高校数学の知識を拡張し、何らかの角度を計算するときによく用いられる。例えば、機械設計や土木・建築の設計などには必要不可欠である。

　なお、arcsin，arccos，arctan はそれぞれ $\sin^{-1}$，$\cos^{-1}$，$\tan^{-1}$ と表記することがある。ここで「$^{-1}$」は逆関数の意味であるが、逆数である $\frac{1}{\sin\theta}$，$\frac{1}{\cos\theta}$，$\frac{1}{\tan\theta}$ と混同しやすいので注意が必要である。また、arccosなどでは表記が長いために、それぞれ asin，acos，atanなどと省略形を用いる場合もある。

　さて、話を式（2.14）に戻そう。今回の場合では、上述した補足より cos の逆三角関数である arccos を使って、角度 α は次式で得られる。

$$\alpha = \arccos\left(\frac{L_1^2 + L_2^2 - OP^2}{2L_1L_2}\right) \tag{2.15}$$

　式（2.15）においてリンク長さ L_1, L_2 の値は与えられており、OP の値は先述したように手先位置 (x, y) の値から計算できる。

　次に、角度 β を求めてみよう。式（2.14）と同様に三角形1に対し、再度、余弦定理を用いて角度 β を求めることも可能であるが、せっかく角度 α の値がわかっているので、角度 α から正弦定理を用いて角度 β を計算してみよう。図2.25 の OP と L_1, L_2 から作られる三角形1に式（2.8）の正弦定理を適用すれば、角度 β と L_2, α と OP の間に以下が成立する。

$$\frac{L_2}{\sin\beta} = \frac{OP}{\sin\alpha} \tag{2.16}$$

従って、

$$\sin\beta = \frac{L_2 \sin\alpha}{OP} \tag{2.17}$$

となる。ここで L_2、角度 α と OP の値はすでにわかっているから、$\sin\beta$ が計算できる。あとは、先ほどの式（2.14）の場合と同様、$\sin\beta$ の数値を満たす角度 β を求めてやればよい。逆三角関数を用いる場合では、sin の逆三角関数である arcsin を用いて、角度 β は以下のように計算できる。

$$\beta = \arcsin\left(\frac{L_2 \sin\alpha}{OP}\right) \tag{2.18}$$

　最後に角度 γ であるが、これは直角三角形2を用いて計算が可能となる。この直角三角形の斜辺が OP、底辺の長さが x であることから、cos の定義より

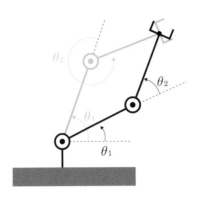

$$0 \leqq \theta_1 \leqq \pi \,[\mathrm{rad}]$$
$$0 \leqq \theta_2 \leqq \pi \,[\mathrm{rad}]$$

解の二重性は
条件設定で回避する

図 2.27：逆運動学における解の二重性

$$\cos \gamma = \frac{x}{OP}$$

である。x の値は手先位置 (x, y) よりわかるし、同様に OP の値もわかる。従って、これまでの議論と同様に上式を満たす γ の値を見つければよい。逆三角関数を用いる場合には、以下となる。

$$\gamma = \arccos\left(\frac{x}{OP}\right) \tag{2.19}$$

以上より、式（2.15）（2.18）（2.19）などから得られた角度 $\alpha \sim \gamma$ の数値を式（2.12）と（2.13）に代入することで、ロボットアームの関節角度 θ_1, θ_2 を計算することが可能となる。

ただし、数学的には図 2.27 のように、1 つの手先位置に対し、鏡で映したような 2 つの関節角度の解が存在する場合がある。一方、実際にはロボットアームの関節は可動範囲が、例えば $0 \leqq \theta_2 \leqq \pi$ などのように限定されていることが多い。そこで、関節の可動範囲から解の吟味を行い、実現不可能な解を排除して、解を一意に決めるのである[9]。

9. これ以外の条件を考慮する場合もある

2.3.3 ロボットアームの制御

　これまでに説明したように正弦定理、余弦定理などを利用することで、ロボットアームの逆運動学を解くことができる。この逆運動学を使って図2.23のロボットアームの手先位置を目標の物体に移動させてキャッチすることに応用してみよう。

　先述したように、ロボットアームの関節は内蔵されたモータと角度センサを介してコンピュータ制御などにより任意の角度にコントロールできるものとする[10]。今回の例では目標物体の位置である $D(x_d, y_d)$ の数値が、例えば $x_d = 200$, $y_d = 100$ のように具体的にわかっているとし、ロボットアームの手先位置 $P(x, y)$ を点 D に一致させたい。

　そこで、ロボットアームの逆運動学の計算式（2.12）〜（2.19）などにおいて、$x = x_d$, $y = y_d$ としてこれらの式に代入し、手先位置 P が目標の位置 D に一致した場合の関節角の数値を求め、この値を角度（θ_{d1}, θ_{d2}）としておく。その後、コンピュータ処理によって関節 θ_1 と θ_2 をそれぞれ $\theta_1 = \theta_{d1}$, $\theta_2 = \theta_{d2}$ にコントロールすることで、結果的に手先位置 P を $D(x_d, y_d)$ と一致させることができる。

　ロボット工学において、このように目標の手先位置に対応した関節角度を逆運動学を用いて計算し、関節をその角度に制御する方法は最もポピュラーなロボットアームのコントロール方法の1つである。また、今回はロボットアーム1本の簡単な例で解説したが、これを拡張し、2つの腕と2つの脚を動かすことで、図2.21のようなヒューマノイドロボットの制御もできるようになるのである。

---

10. 具体的にコンピュータを使ってどのようにコントロールするかは、参考文献などを参照のこと

第 **3** 章

連立方程式

中学や高校で習う数学の中で、連立方程式は基本中の基本と言ってもよい。確かに、三角関数や微分・積分などに比べて、まだ直感的に理解しやすいだろう。

しかし、社会でどのように利用されているのかはあまり知られていない。ここでは、いくつかの例を紹介しよう。

3.1 どこかで使われている連立方程式

まずは以下に連立方程式の説明を記すので、ザックリと復習しよう。

連立方程式

同時に成立する複数の方程式のことを連立方程式と呼ぶ。多くの場合ではこの複数の方程式を同時に満たす変数の値（解）を見つけることを目的とする。例えば、2 つの変数（x, y）があったときに、変数に係数を掛けたもので構成される以下のような連立方程式を連立 1 次方程式と呼ぶ。

$$\begin{cases} x + 2y = 5 \\ 3x + 4y = 6 \end{cases}$$

また、変数の 2 乗と 1 乗にそれぞれ係数を掛けたもので構成される以下のような連立方程式を連立 2 次方程式と呼ぶ。

$$\begin{cases} (x - 1)^2 + (y - 2)^2 = 5 \\ (x - 3)^2 + (y - 4)^2 = 6 \end{cases}$$

これらの連立方程式では、変数の個数に対して方程式の本数が同じ（もしくは、それ以上）ならば通常は解を計算することができる。ただし、変数の個数と方程式の本数が同じでも、解そのものを求めることができない場合もある。また、解を求めることができても、解の個数が無限に存在し、一意に決定できない場合もある。

しかし、もし変数の個数より方程式の本数のほうが少なければ、どう頑張っても解を一意に決定することはできない。

さて、このような連立方程式は、実際の社会でどんなところに応用されているのだろうか？　まずは簡単な例から紹介しよう。

最初に連立 1 次方程式について話をしよう。連立 1 次方程式それ自体は中学校で習う。この連立 1 次方程式は科学に関係することだけでなく、一般の生活にかなり用いられている。例えば、以下の問題を考えてみよう。

連立1次方程式の簡単な応用例

ある工場では、2 種類のネジを使って商品を組み立てる。この 2 種類のネジを A と B とする。それぞれのネジは 1 つあたり、A は 7 円、B は 10 円する。今、ネジ A と B を問屋から仕入れたら、ネジ A と B の合計の個数は 1150 個であり、合計の金額が 8500 円であった。さて、それぞれのネジを、いくつずつ仕入れただろうか？

このような問題に対し、連立方程式は有効である。あくまでも例であるから、「そんなのレシートか明細書を見ろよ」などという解答はなしとして、真面目に方程式を組み立ててみよう。

今、ネジ A の数を x、ネジ B の数を y とすると、2 つの合計金額が 8500 円であり、2 つの合計数が 1150 個であるから次式を得る。

$$\begin{cases} 7x + 10y = 8500 & (3.1) \\ x + \quad y = 1150 & (3.2) \end{cases}$$

この例ではこの 2 つの式、つまり連立 1 次方程式を解くことで x と y のそれぞれの値を得ることができる。

今回の場合では、式 (3.2) より $x = 1150 - y$ を式 (3.1) に代入して計算することで、$x = 1000$（個）、$y = 150$（個）の答えを得ることができる。

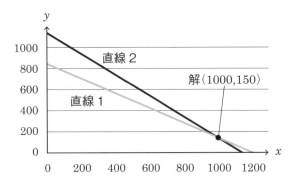

図 3.1: 連立 1 次方程式の解と 2 つの直線の交点

よく知られているように、連立方程式の関係は図で示すことができる。

図 3.1 を見てほしい。この図において直線 1 が式（3.1）をグラフにしたもの、直線 2 が式（3.2）をグラフにしたものであり、2 つの直線の交点が連立方程式の解の値となる。今回の例題ではめでたく解を求めることができて、ネジ A とネジ B の個数を知ることができた。一応は連立方程式の利用価値がわからなくもないが、しかしながら、少しありきたりすぎて面白みに欠け、まだ利用価値としてモヤモヤ感が残る。

3.2 連立 2 次方程式を利用した GPS の 3 次元計測

先ほど紹介した連立 1 次方程式によるネジの個数計算という例は、少しとってつけたようなわざとらしいものであった。次に紹介する連立 2 次方程式の例は、この実社会で我々の生活に密着しているものである。

連立 2 次方程式が実際に利用されている例として、カーナビやスマホの地図アプリ（ソフトウェア）にも使われる GPS（グローバル・ポジショニング・システム）による位置計測について解説しよう。GPS は地球を周回する人工衛星の信号を頼りに、地図上での自分の現在位置を推定するモノである。この人工衛星を GPS 衛星と呼ぶ。

今、図 3.2 のように複数の GPS 衛星から発せられた信号をカーナビやス

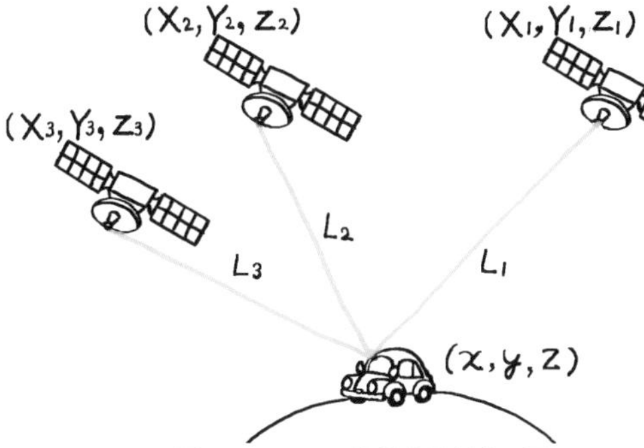

図 3.2：GPS の信号を受信する図

マホなどの受信機で計測できたとする。この信号は電波であり、ものすごく簡単にいえば光の一種である[1]。電波は光と同じスピードで空間を伝わり[2]、その速さは常に一定である。電波の速さを c（$\fallingdotseq 3.0 \times 10^8$ [m/s]）とすると、時刻 t_1 秒から時刻 t_2 秒の間に電波の進んだ距離 L は

$$L = c(t_2 - t_1) \tag{3.3}$$

となる。

　今、複数ある GPS 衛星のうち、i 番目の衛星の座標を $(X_i,\ Y_i,\ Z_i)$ とし、GPS 衛星から時刻 T_i 秒のときに電波が発せられ、受信者がこれらの電波を時刻 t 秒の時点で同時に受信したとする。このとき、それぞれの**GPS 衛星の座標** (X_i, Y_i, Z_i) **と電波が発せられた時刻** T_i **はあらかじめ高精度にわかっているとし、受信者の座標** (x, y, z) **は不明であり、**(x, y, z) **の値を知りたいとする。**

　GPS による位置計測では、GPS 衛星の座標 $(X_i,\ Y_i,\ Z_i)$ とそれぞれが信号を発した時刻 T_i から、受信者の位置座標 (x, y, z) を知ることができる。この仕組みについて考えよう。

1. 厳密に言えば、光も電波も電磁波の一種である
2. 本書では、時間の単位として基本的には「秒」を用いる。秒は英語で「second」であることから単位の表記としては頭文字をとって [s] とする。例えば、時刻 t 秒である場合には t[s]、秒速 5 メートルであれば 5[m/s] と表記する。また、説明の都合で 1 時間（60 分）単位が必要な場合には hour の頭文字より [h] と表記する。例えば 2 時間なら 2[h] とし、時速 5 キロメートルなら、5 [km/h] と表記する

ここで、i 番目の GPS 衛星と受信者の距離を L_i とすると、式 (3.3) より

$$L_i = c(t - T_i) \tag{3.4}$$

で表される。一方、この距離 L_i は高校数学で習う 3 次元空間の 2 点間の距離の公式より、

$$L_i^2 = (X_i - x)^2 + (Y_i - y)^2 + (Z_i - z)^2 \tag{3.5}$$

となる。従って、式 (3.4) を式 (3.5) に代入することで次式を得る。

$$c^2(t - T_i)^2 = (X_i - x)^2 + (Y_i - y)^2 + (Z_i - z)^2 \tag{3.6}$$

ここでポイントとしては、先述したように、それぞれの GPS 衛星の位置 $(X_i,\ Y_i,\ Z_i)$ と時刻 T_i はあらかじめわかっている。そして、受信者が電波を計測した時刻 t もわかっている。つまり、(x, y, z) 以外の値は全てわかっているということであり、上式は (x, y, z) の 3 つの変数（未知数）を持つ方程式となる。

そこで、複数存在する GPS 衛星から 3 つの衛星（これを $i = 1,\ 2,\ 3$ とする）から発せられる異なる 3 つの電波を受信することができれば、以下の 3 つの式が同時に成立することになる。

$$\begin{cases} c^2(t - T_1)^2 = (X_1 - x)^2 + (Y_1 - y)^2 + (Z_1 - z)^2 \\ c^2(t - T_2)^2 = (X_2 - x)^2 + (Y_2 - y)^2 + (Z_2 - z)^2 \\ c^2(t - T_3)^2 = (X_3 - x)^2 + (Y_3 - y)^2 + (Z_3 - z)^2 \end{cases} \tag{3.7}$$

　このように、未知数が3つに対し3つの方程式を得ることができ、この連立2次方程式を解くことで、解である (x, y, z) を求めることができる。つまり、GPSでは3つの衛星からの信号で位置計測が可能となるのである。このように高校数学の基本的な考えにより、皆さんが利用しているGPSによる位置推定ができるのである。めでたし、めでたし……。

　実はここで話は終わらない。先ほどの連立2次方程式においては変数である (x, y, z) 以外は全て値が正確にわかっていることが大前提であった。しかしながら、GPS衛星に搭載されている時計は非常に精度の高いものが利用されているのに対し、カーナビやスマホに搭載された時計は精度がよくない。従って、受信機が電波を受信した時刻 t には誤差が含まれる。電波は光速で移動し、1秒間で約30万キロメートルも進むため、この時間の誤差が「ほんの少し」だとしても、距離に換算すると「とてつもなく大きな誤差」となり得る。例えば、この時間誤差が仮に0.001秒（＝1ミリ秒＝$\frac{1}{1000}$秒）だとしよう。そのとき、電波の移動距離に換算すると、なんと300キロメートルにもなってしまうのだ。

　そこでいっそのこと、式（3.6）において誤差を含む可能性の高い時刻 t も未知数と見なし、4つの未知数 (x, y, z, t) を求める方程式と考える。しかし、式（3.7）のままでは、未知数4つに対し、方程式が3つしかないため、解を得ることができない。いや、逆に考えるんだ……。

「方程式を4つに増やせば、未知数が4つでも解を得ることができるのだ！」

と。そこで4つ目の人工衛星（$i=4$）の信号を加えることで、式（3.7）に加え、もう1つ次式を得る。

$$c^2(t - T_4)^2 = (X_4 - x)^2 + (Y_4 - y)^2 + (Z_4 - z)^2 \qquad (3.8)$$

　これにより合計4つの式からなる連立方程式を得られる。結果的にこれら4つの式から4つの未知数 (x, y, z, t) の解を求めることができ、位置情報 (x, y, z) を得られるのである。連立方程式における未知数の数

と方程式の数の関係より、GPS衛星から受信するデータが少なくとも3つ、より精度を得たい場合には4つは必要であることが高校数学の理屈によりわかるのである。実際のGPSの位置計測では、この理論に基づいて人工衛星のデータを受信しているのである。

3.3 アニメに登場するロボットから連立方程式を深く考えてみる

3.3.1 ロボットアームと蛇腹構造

第2章の三角関数の話題では、ロボットアームの運動学について解説した。次に、少し数学的な視点を変えて、SFアニメに登場するロボットのロボットアームについて語ってみよう。

図3.3のイメージ図を見てほしい。これは筆者がデザインしたものである。どこかで見たことがあるような感じもするが、あくまでも筆者のオリジナルだ。ここで注目してほしいのは、このロボットの腕や脚が蛇腹状とも思える特殊な構造をしていることである。蛇腹とは図3.3（右）のように、ダクトパイプや卓上スタンドライトのアーム部などに利用される、曲がり具合を自由に変化させることができるホース形状のものである。

ここでは、ロボットの腕や脚を**蛇腹状の構造にすることの意味**について、連立方程式の視点から考えてみよう。以下では便宜上、ロボットアーム（腕）にのみ焦点を当てるが、脚の場合も本質的には同じである。SFアニメでよく見かける構造であるが、多くのアニメ動画などからは詳細な構造はよくわからない。ただし、この蛇腹構造はおそらく図3.4のように、複数の回転関節から構成されると考えられる。そこで、話を簡単にするために、第2章で取り扱ったxy平面におけるロボットアームの考えを拡張して説明をしよう。

今、図3.5のようにロボットアームを簡単な図で表現し、手先位置の点を(x, y)とする。ロボットアームの関節数を5つとし、それぞれの関節角度をθ_i（$i = 1, \cdots, 5$）、それぞれのリンク長さをL_i（$i = 1, \cdots, 5$）とする。SFアニメ作品の中には関節部から各リンクがスライドして収納され、ロボットアームの長さが短くなったり、長くなったりする描写が存在するが、今回の例では、図のように単に回転のみを行うものとし、リンク長は変化しない

蛇腹

図3.3：蛇腹状アームを持つロボットのイメージ図

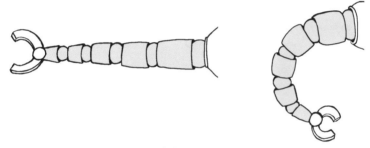

図3.4：蛇腹構造の複数関節のイメージ

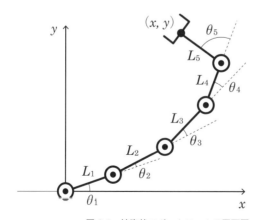

図3.5：蛇腹状ロボットアームの平面図

ものとする。

3.3.2 方程式の数と解の数

ここで本章のトピックである連立方程式について思い出してみよう。例えば以下の2つの式があったとする。

$$\begin{cases} x + 2y = 3 & (3.9) \\ 4x + 5y = 6 & (3.10) \end{cases}$$

上の連立方程式では、2つの変数（x, y）に対し、2つの異なる方程式が存在する。このような場合、変数の個数と方程式の本数は同じであるため、もし、この連立方程式が解を持つならば、解の数値を具体的に求めることが可能となる[3]。

上式の場合には、式 (3.9) より $x = 3 - 2y$ とし、これを式 (3.10) に代入することで解として $x = -1$, $y = 2$ を得る。この解の値は xy グラフにおいて図3.6 (a) のように、式 (3.9) と式 (3.10) から作られる2つの直線の交点であることがわかる。

しかしながら、変数の個数よりも方程式の本数のほうが少ない場合には、方程式の解は無限に存在する。例えば、変数が x, y の2つに対し、方程式が以下の1つしか成立していなかったとしよう。

$$7x + 8y = 9 \tag{3.11}$$

この場合には図3.6 (b) に示すように、$y = -\dfrac{7}{8}x + \dfrac{9}{8}$ の直線上に存在する全ての点が解となる。つまり、解は無限に存在する。

ここで方程式の本数の数え方に注意が必要である。例えば次のような連立方程式があったとする。

$$\begin{cases} 7x + 8y = 9 \\ 14x + 16y = 18 \end{cases}$$

---

3. 2つの異なる方程式が存在したとしても、解を持たない場合には、当然ながら解の値を求めることはできない。詳しくは第5章を参照のこと

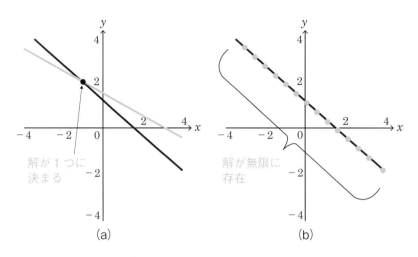

図3.6：(a) 2直線の交点と (b) 1直線の場合に解が無限に存在する場合

　この場合では、変数2つに対し、見かけ上は2つの方程式があることになる。しかし、下式は上式を2倍したものであり、本質的に両者は同じ式である。実際、xy 平面上では図3.6（b）のように1つの直線で表される。従ってこの連立方程式では解が一意に定まらない。一般に、本質的に同一の方程式は、あくまでも1つの式としてカウントし、「方程式の本数」とはあくまでも「異なる方程式の本数」のことをいう[4]。

3.3.3　冗長と連立方程式

　さて、再び図3.5の蛇腹状のロボットアームの話に戻ろう。このような場合でも、第2章3節で紹介したロボットアームの**順運動学**、つまり関節角度から手先位置を求める図形的計算が存在する。今回の場合の順運動学は式(2.7)を拡張して次式となる。

---

4. 変数が3つ以上の場合は3つの異なる1次方程式でも（3次元空間内の平面を表す）その解が無限に存在することもある（3平面が同一直線を共有する場合など）ので、さらに注意が必要である

$$
\begin{cases}
x = L_1 \cos\theta_1 + L_2 \cos(\theta_1 + \theta_2) + L_3 \cos(\theta_1 + \theta_2 + \theta_3) \\
\qquad\quad + L_4 \cos(\theta_1 + \theta_2 + \theta_3 + \theta_4) + L_5 \cos(\theta_1 + \theta_2 + \theta_3 + \theta_4 + \theta_5) \\
y = L_1 \sin\theta_1 + L_2 \sin(\theta_1 + \theta_2) + L_3 \sin(\theta_1 + \theta_2 + \theta_3) \\
\qquad\quad + L_4 \sin(\theta_1 + \theta_2 + \theta_3 + \theta_4) + L_5 \sin(\theta_1 + \theta_2 + \theta_3 + \theta_4 + \theta_5)
\end{cases}
\tag{3.12}
$$

ここで、式 (3.12) に示される順運動学をもう少し細かく考えてみよう。順運動学は関節角度 ($\theta_1 \sim \theta_5$) の値を入力した際に、そのときの手先位置 (x, y) を求める計算である。例えば、具体的な例として関節角度 $\theta_1 \sim \theta_5$ に $\theta_1 = 0$, $\theta_2 = \dfrac{\pi}{4}$, $\theta_3 = \dfrac{\pi}{4}$, $\theta_4 = \dfrac{\pi}{4}$, $\theta_5 = \dfrac{\pi}{4}$ [rad] を代入してみよう。話を簡単にするため $L_1 = L_2 = L_3 = L_4 = L_5 = 1$ とする。これらの値を式(3.12) に代入すると次式を得る。

$$
\begin{cases}
\begin{aligned}
x &= \cos 0 + \cos\left(\frac{\pi}{4}\right) + \cos\left(\frac{2\pi}{4}\right) + \cos\left(\frac{3\pi}{4}\right) + \cos\pi \\
&= 1 + \frac{1}{\sqrt{2}} + 0 - \frac{1}{\sqrt{2}} - 1 \\
&= 0 \\
y &= \sin 0 + \sin\left(\frac{\pi}{4}\right) + \sin\left(\frac{2\pi}{4}\right) + \sin\left(\frac{3\pi}{4}\right) + \sin\pi \\
&= 0 + \frac{1}{\sqrt{2}} + 1 + \frac{1}{\sqrt{2}} + 0 \\
&= 1 + \sqrt{2}
\end{aligned}
\end{cases}
$$

となり、結果として以下を得る。

$$
\begin{cases}
x = 0 \\
y = 1 + \sqrt{2}
\end{cases}
\tag{3.13}
$$

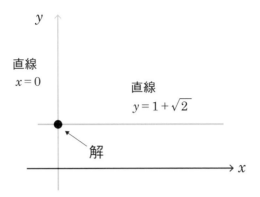

図3.7:蛇腹状アームの順運動学の解（y 軸に平行な直線（$x = 0$）と x 軸に平行な直線（$y = 1 + \sqrt{2}$）との交点）

　この式は、図3.7 のように、y 軸に平行な直線 $x = 0$ と x 軸に平行な直線である $y = 1 + \sqrt{2}$ の交点が解であると考えることができる。

　つまり、式（3.13）は（ほとんど解そのものであるが）強引に連立方程式と見なせなくもない。連立方程式の変数の個数と方程式の本数を考えると、変数が x と y の2つに対し、異なる方程式の本数が2本となり、両者の数は一致する。

　結局、このロボットアームの場合には、「数値の与えられた関節角度（$\theta_1 \sim \theta_5$）から手先位置（x, y）を計算する順運動学」は、結果として2つの変数に対し、2つの連立方程式が得られ、その解は一意に決定される。例えば、実際にロボットアームの各関節角に角度センサを組み込み、各関節角度を計測すれば、その値を用いて数学的に手先位置（x, y）が計算可能となる。

　一方、**逆運動学**の場合を考えてみよう。逆運動学の場合には、順運動学とは逆に与えられた手先位置（x, y）の数値に対し、そのときの関節角度（$\theta_1 \sim \theta_5$）を計算する。例えば、先ほどと同様に $L_1 = L_2 = L_3 = L_4 = L_5 = 1$ とし、手先位置が $x = 2$, $y = 3$ の場合に関節角度を計算することを考えてみよう。これらの値を式（3.12）に代入してみると、

$$
\begin{cases}
2 = \cos\theta_1 + \cos(\theta_1 + \theta_2) + \cos(\theta_1 + \theta_2 + \theta_3) \\
\quad + \cos(\theta_1 + \theta_2 + \theta_3 + \theta_4) + \cos(\theta_1 + \theta_2 + \theta_3 + \theta_4 + \theta_5) \\
3 = \sin\theta_1 + \sin(\theta_1 + \theta_2) + \sin(\theta_1 + \theta_2 + \theta_3) \\
\quad + \sin(\theta_1 + \theta_2 + \theta_3 + \theta_4) + \sin(\theta_1 + \theta_2 + \theta_3 + \theta_4 + \theta_5)
\end{cases}
$$

の式を得る。この場合は逆運動学から得られる式は、変数が$\theta_1 \sim \theta_5$までの5つに対し、異なる方程式は2本である。つまり変数の数よりも方程式の数のほうが少ない。従って、式（3.11）と同様に、解が一意に求まらずに無限に存在する状態となる。この場合には、手先位置(x, y)に具体的な数値を代入しても、それを実現する関節角度$\theta_1 \sim \theta_5$が無限に存在するということである。これをイメージしたものが図3.8である。

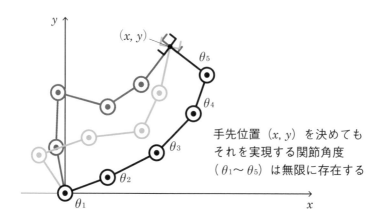

図3.8：冗長ロボットアームの場合には逆運動学の解が無限に存在する

ロボット工学では、第2章3節で紹介したロボットアームのように、手先位置の変数の個数（この場合にはx，yの2つ）と関節の数（この場合にはθ_1，θ_2の2つ）が同じで、順運動学と逆運動学ともに解の値を具体的に求

めることのできるロボットアームを**非冗長**であるという[5]。

　一方、本章で解説した蛇腹状のロボットアームのように手先位置の変数の個数に対し、関節の数のほうが多い場合には、順運動学の場合なら関節角度の値が与えられたとき、その解である手先位置を一意に求めることができる。しかし、逆運動学の場合には手先位置の値が与えられたとき、その解である関節角度の値は無限に存在し、解の値を一意に決定できない。このようなロボットアームを**冗長**であるという。冗長とは簡単に言えば余分についているという意味である。例えば「**馬から落馬**」とか「**腹痛が痛い**」などの表現は冗長だと言える。

　つまり、ロボットアームの手先位置をコントロールしたいだけならば、手先位置の変数の個数と関節数は同じで十分なのである（非冗長）。例えば、今回のようにロボットアームが平面内を運動する場合であれば、変数は x, y の2つなので関節数は2つで十分である。しかし、図3.5の例では3つも余分に関節がついている。このような冗長なロボットアームには、実際にはどのような意味があるのだろうか？　それを考えてみよう。

　今、図3.9のように xy 平面内でロボットアームを動作させるとき、平面内に障害物が存在する場合を考えてみよう。そして、目標位置 D までロボッ

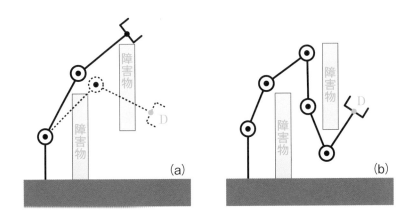

図3.9：(a) 非冗長と (b) 冗長ロボットアームにおける障害物回避の違い

5. ただし、図2.27のように解が2つある場合がある。しかし、解が無限に存在するわけではない

トアームの手先位置をコントロールすることを考えよう。最初に図3.9（a）のように関節が2つの非冗長なロボットアームについて考えてみよう。

　この場合には、目標の手先位置 D に対応した関節角度を求めることができる。しかし、実際にその関節角度にコントロールしようとすると、ロボットアームが障害物と衝突してしまい、実現は不可能である。

　一方、関節を5つ持つ冗長なロボットアームでは図3.9（b）のように、たくさんある関節角をコントロールし、まるで蛇の体や象の鼻のように巧みに変化させ、障害物を回避しつつ、手先位置を目標の位置に到達させることができる。このように、関節を余分に持つ冗長なロボットアームでは、手先位置が同じでも、それを実現する解（関節角）が無限に存在するために複雑な動作ができるようになるのである。今回はSFアニメによく見られる蛇腹状ロボットアームからのアプローチであったが、このような冗長ロボットアームは実際に開発されている。

　ちなみに、人間の場合の腕も関節が余分にある冗長な構造となっている。従って、同じ手先位置でも図3.9（b）のように関節角度を巧みに変化させ、障害物回避や回り込み動作など、複雑な動作ができるのである。

　このように、何気ない変数の個数と連立方程式の本数の関係も、最新ロボットの設計やコントロール、人間工学などと深く結びついているのである。

第4章

微分・積分

高校数学において最も高校生が混乱する内容といえば、やはり微分・積分ではないだろうか？　個人的にいわせてもらえば、微分・積分に比べれば三角関数なんぞは、ボールとガンダム、ブロンズセイントとゴールドセイント、スライムとキングスライムほどの違いがあると思われる。まさに、最強・最凶・最悪のボスキャラだ。

正直なところ、本書では微分・積分の章は最後の最後の後回しにしたかった。早い段階で微分・積分を出してしまうと、読者が力尽きて以降のページを読んでくれなくなる可能性があるからだ。しかし、これ以降の内容の多くが微分・積分に関連しているため、どうしても、この第4章のタイミングで取り上げねばならなかった。しかし、これは逆にいえばチャンスかもしれない。早い段階で読者の微分・積分に対する拒絶反応を取り除くことができれば、後半の章も取っつきやすくなるではないか。

4.1 微分・積分はスライサーと接着剤

　さて、多くの読者が拒絶反応を示すヤヤコシイ微分・積分なんぞ、一体全体、社会で何の役に立つのだろうか？　本章ではそんな大きな壁をぶち破るために、実社会に用いられている微分と積分について考えてみよう。

　細かい計算例や応用例は後でゆっくり説明するとして、最初にイメージ的な話をしよう。微分とは何か？　積分とは何か？　これを理解するのに、数学を使わず、イメージを固めることは悪いことではない。誤解を恐れずにいえば、**微分とはスライサー**であり、**積分とは接着剤**である！　（図 4.1）

図 4.1：微分とはスライサーであり，積分とは接着剤である

4.1.1　カマボコの塊をスライスして体積から面積へ

　このスライサーと接着剤について、カマボコを使った例で説明しよう。今、ここにカマボコがあり、その体積を V とする。体積の単位は何でもいいが、世界標準の単位系である SI 単位系を用いて、体積 V の単位を [m³] としよう。話を簡単にするために、カマボコには図 4.2 のように x 軸、y 軸、z 軸が設定されているものとする。xy 平面に平行な断面はいわゆるカマボコ形状となり、常にこの断面は一定で、その断面積を S [m²] とする。今、カマボコの端は z 軸の z_1 にあり、ここから、ある値 z_2 までのカマボコの体積を V と

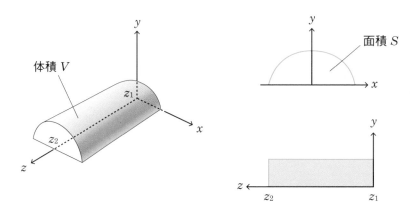

図4.2：カマボコの座標系

する。ただし $z > z_1$ とする。このとき、体積 V は断面積 S に z 方向の長さを掛けることで求まり、その値は $V = S(z_2 - z_1)$ であることが理解できよう。

　このカマボコを xy 平面に平行にスライサーでスライスしていくとする。スライスする場所は z 軸を少しずつ移動していく。ただし、このスライサーは非常に薄くスライスできるものとする。イメージとしては、厚さが感じられないほどの、紙1枚程度の厚さとしよう。

　すると、図4.3のように、非常に薄いカマボコ形状のスライスが大量にできるだろう。スライスされたものは、厚さがない（と見なせる）ので、このスライスの大きさは体積ではなく、面積で表現でき、その大きさは面積 S となる。これが、体積を微分して、面積を求める行為のイメージである。微分とは文字通り、微小なものに分けると理解すればよい。今回のように体積の場合には、それをスライスして、微小なものに分ければ面積となるわけである。そして、このときの単位は面積であるので $[m^2]$ となる。

4.1.2 カマボコスライスをスライリーで面積から線へ

　次に、スライスした薄いカマボコについて考えてみよう。スライスしたカ

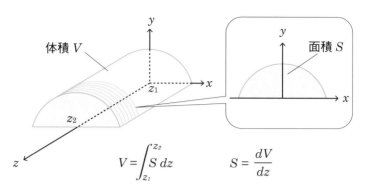

図4.3：カマボコをスライス（体積→面積）する行為

マボコの外形は半円に似た形状をしているが、この輪郭線は xy 平面で図4.4のように関数 $y = f(x)$ で表現されるとする。今度はこのスライスしたカマボコを図4.4（右上）のように縦方向にさらにスライサーでスライスしていこう。つまり、座標系 xy に対し、x 方向を少しずつ移動させて y 軸に平行にスライスしていく。先ほどと同様に、このスライサーは非常に薄くスライスすることが可能とする。

　すると、今度は非常に細い髪の毛のような物体ができる。この物体の厚さは限りなくゼロに近く、形状としては線と見なせる。「線」の場合にはその大きさを表現できるのは、線の「長さ」となり、その単位は [m] となる。この線の長さ（x 軸からの高さ）は横軸 x に対して変化し、ある x の値を与えたとき、関数 $y = f(x)$ で表記される。これが面積を微分して、線分を求める行為のイメージである。面積をスライスして微小なものに分ければ、線分になるわけである。

4.1.3　線状カマボコの外形線をスライスして傾きへ

　カマボコの線の長さ（x 軸からの高さ）がわかったところで、さらに話を進めよう。この線の長さは、薄くスライスしたカマボコの y 方向の距離を表しており、その長さは x 座標の変化に伴い、値が変わり、それは xy 座標上の関数 $y = f(x)$ であることに注目してもらいたい。ある意味で関数 $y = f(x)$

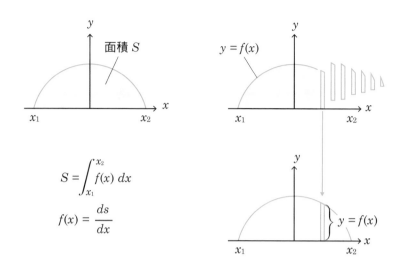

$$S = \int_{x_1}^{x_2} f(x)\,dx$$

$$f(x) = \frac{ds}{dx}$$

図 4.4：スライスカマボコをさらにスライサーで線にする

は線状カマボコの高さの集合体であり、$y = f(x)$ は薄いカマボコスライス
の外形（輪郭）を表している。

　次に、図 4.5 のように、高さの集合体の関数 $y = f(x)$ に対し、その線を
さらに再び同じく x 軸方向にスライサーで細分化する。すると、非常に短い
線が生成される。元々の関数 $y = f(x)$ は曲線だったとしても、この短線は
非常に短いために、**直線と見なすことができる**。

　このとき、図 4.5 のように、この短線を斜辺とし、底辺が x 軸に平行にな
るような直角三角形を考え、底辺の長さを dx、高さを dy とおく。ただし、
dx と dy は非常に小さい値である。ここで、高さ dy を底辺の長さ dx で割っ
た $\dfrac{dy}{dx}$ を傾きという。この傾きは高さと底辺の長さとの比率と考えることも
できる。

　傾き $\dfrac{dy}{dx}$ の意味について考えてみよう。図 4.5（下）のように、先はどの
直角三角形を拡大し、同じ形状（相似）で底辺の長さが 1 で高さが Y の直

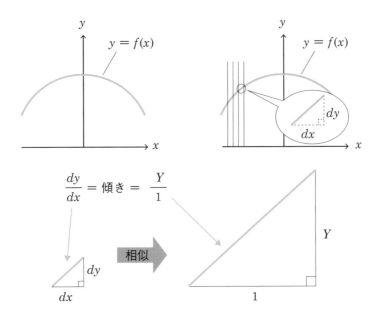

図4.5：線をスライスして傾きに

角三角形を考えよう。このとき、2 つの三角形は同じ形をしており、各辺の長さの比率は同じとなる。従って2 つの三角形の傾きは同じであり、

$$\frac{dy}{dx} = \frac{Y}{1} \tag{4.1}$$

と表すことができる。傾きとは、「底辺を 1 に拡大したときの高さ」と考えることができる。この拡大した三角形の高さ $Y = \frac{dy}{dx}$ は x 座標の変化に伴い、値が変化する。これを $y' = \frac{dy}{dx}$ あるいは $y' = \frac{df(x)}{dx}$ と書いて、$f(x)$ の微分と呼んでいるのだ。

　以上が関数 $y = f(x)$ をスライスして、つまり微分して得られる傾き $\frac{dy}{dx} = \frac{df(x)}{dx}$ の概念である。

4.1.4 接着剤で積分して元に戻す

これまではスライサーの概念を用いて微分のイメージについて解説したが、逆にスライスしてできたモノを、接着剤によって元通りにくっつけていく行為が積分のイメージとなる。

例えば、曲線を微小に分けた「傾き $\dfrac{dy}{dx}\left(=\dfrac{df(x)}{dx}\right)$」を接着剤を用いてくっつけていけば、元の曲線である関数 $y = f(x)$ に戻すことができる。また、関数 $y = f(x)$ で作られる線の高さ y を接着剤でくっつけていけば、関数 $y = f(x)$ と x 軸で囲まれた部分のスライスの面積 S となる。このスライスをさらに z 方向に接着剤でくっつけて積み上げていくと、体積 V となる。このように「積分」とは、分けたものを積み上げるとイメージすればよいだろう。

これまでのカマボコを使った微分と積分のイメージを図 4.6 にまとめる。このような説明は、あくまでもイメージであり、すべての微分・積分の操作に適応できるわけではないが、このように考えれば、微分・積分の敷居が少し下がるだろう。次にもう少し数学的な話を進めよう。

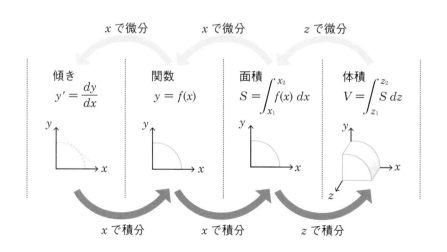

図 4.6：微分と積分のイメージ

4.2 微分と自動車やロボットアームの運動との関係

4.2.1 微分の定義と表記

　まずは、微分について解説しておこう。より厳密に言えばある関数 $f(x)$ があったとき、これを微分するということは、次の定義式（4.2）の導関数を求めることである。後述するが、実社会で微分を利用するときには、

「関数 $f(x)$ と変数 x がそれぞれ具体的に何の意味を持つのか？」

を知っておくことが重要となる。

導関数の定義（微分の定義）

　ある関数 $f(x)$ において、以下で定義される導関数を求めることを微分という。以下では lim は極限を意味し、$\lim_{h \to 0} f(h)$ は h が 0 に近づくときの $f(h)$ の目標値を意味する。

$$f'(x) = \lim_{h \to 0} \frac{f(x+h) - f(x)}{h} \tag{4.2}$$

　高校の教科書では、微分について学んだとき、式（4.2）のように、ある関数 $f(x)$ を微分すると $f'(x)$ と表記した。例えば、$y = x^2$ において、その微分は $y' = 2x$ という表記である。この表記自体は間違っていないのだが、問題点もある。微分で大事なのは上述したように、**何の関数を何の変数で微分しているのか？**　ということなのである。$f'(x)$ は本来、

「関数 $f(x)$ を**変数 x で微分する**」

ことを意味するのであるが、単に微分を $f'(x)$ と表記すると、「変数 x で」

の部分の意識が希薄となる。

例えば、私が教えている大学の授業でこんなことがあった。授業の進行の都合で、高校数学の復習をすることになり、ある学生に「$y = \sin x$ の微分である y' を求めよ」という問題を出した。しかし、そこで学生はこう言った。「高校で習ったのは、$y = \sin \theta$ の微分のやり方であって、$y = \sin x$ の微分は習ってません」

確かに一般的な高校数学の教科書では、三角関数は $y = \sin \theta$ など、変数 θ を用いて表記し、その微分 y' は y を θ で微分する場合が多い。今回の場合では、変数が θ でも x でも取り扱いは同じあり、変数を変換して考えればよいのだが、この学生の混乱の原因は微分表記が y' であることに端を発するのだと思う。そこで高校数学で習った、微分におけるもう 1 つの表記が重要となる。それは

$$\frac{df(x)}{dx} = \lim_{h \to 0} \frac{f(x+h) - f(x)}{h} \tag{4.3}$$

である。式（4.2）と上式を比べて、違うのは左辺の表記である。式（4.2）が $y'(x)$ なのに対し、式（4.3）では $\frac{df(x)}{dx}$ と表記されている。両者は基本的には同じ意味であるのだが、$\frac{df(x)}{dx}$ のように表記することで、何を（$f(x)$）何で（x）微分するのかということを明確に表すことができる。

つまり、先ほどの学生の sin の微分の話では、$y = \sin\theta$ を θ で微分すれば、$\frac{dy}{d\theta} = \cos \theta$ となり、同様に $y = \sin x$ を x で微分すれば $\frac{dy}{dx} = \cos x$ となる。

4.2.2 距離と速度の微分関係

先述したスライサーの話では、関数 $y = f(x)$ が与えられた際に、それを変数 x で微分すると、ある点 x での「傾き」を計算できることを紹介した。しかし、スライサーの例では「関数を微分して傾きを求める」ことに対して話が抽象的すぎたので、次に具体的な例を考えて話してみよう。

　関数の傾きを求める簡単な例の1つが「移動する物体の速度を求める行為」である。移動する物体というと何か大げさな気がするが、わかりやすく自動車の運動を考えよう。図 4.7 (a) のようにハンドル操作は行わず、自動車は直進運動をしており、その位置を y とする。ただし、アクセルやブレーキにより速度（スピード）は変化する。

　この自動車の移動した位置をグラフに示したのが図 4.7 (b) である。このグラフでは縦軸が位置 y、横軸が移動の際に要した時間 t、つまりこのグラフは関数 y の変数 t に対する変化を示している [1]。そこで、この関数 y を $y = f(t)$ と記述することもできる。

　この例では、自動車が y_1 から出発し、一般道路を1時間の走行後（区間 A）、y_2 の地点で高速道路に乗り入れて y_3 までさらに2時間の走行をしたとする（区間 B）。区間 A では1時間の走行で移動距離 Δy_A が 60 [km] であり、区間 B では2時間の走行で移動距離 Δy_B が 160 [km] であったとする。区間 A での走行時間を Δt_A [時間]、区間 B での走行時間を Δt_B [時間] とおく。ただし、この例では説明をわかりやすくするために、SI 単位系ではなく、走行時間の単位を時間（hour）、距離の単位をキロメートル（km）で表記する。

　ここで、それぞれの区間での自動車の速度を求めると、以下のように計算できる。

・区間 A の速度： $\dfrac{\Delta y_A}{\Delta t_A} = 60$ [km/h] （時速 60km）　　　　(4.4)

・区間 B の速度： $\dfrac{\Delta y_B}{\Delta t_B} = \dfrac{160}{2} = 80$ [km/h] （時速 80km）　(4.5)

　これらの速度は図 4.7 (c) のように、関数 y における区間 A と区間 B でのそれぞれの傾きを計算していることになる。傾きとは、簡単にいえばこのグラフの横軸である時間 t が1だけ増加するのに対し、位置を示す縦軸 y がどれだけ増加するのかを表現するものである。つまり、この場合は1時間あたりに進む距離が傾きである。

　しかし、今回の場合では、図 4.7 (c) を細かく見てみると、区間 A と区

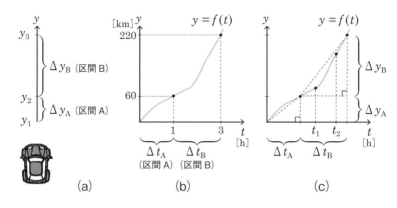

図 4.7：自動車の走行（移動距離と時間のグラフ）

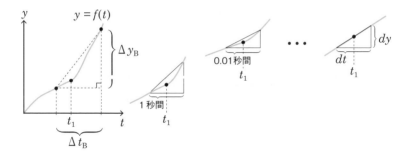

図 4.8：時間幅を無限小まで小さくしていく

間 B の内部において厳密には傾きが一定でないことがわかる。ということは、それぞれの区間で速度は少しずつ変化しており、先ほど計算した時速 60km（区間 A）と時速 80km（区間 B）はあくまでも**平均**の速度となる。

例えば、区間 B 内においても、図 4.7(c) のある時刻 t_1 と t_2 では明らかに傾き、すなわち速度が異なる。では、より厳密に時刻 $t = t_1$ のときの速度を求めるにはどうしたらよいだろうか？

そこで、先ほどは 1 時間あたりに移動した距離をもとに速度を求めたが、

もっと小さい時間、例えば、図4.8のように時刻 $t = t_1$ での $\Delta t = 1$ 秒（[s]）あたりの移動距離から速度を考えてみよう。先ほどと比べれば間隔が $\frac{1}{3600}$ になり、かなり短い時間となる。例えば、時刻 $t = t_1$ からのこの1秒の間に15メートル進んだとすると、時速に換算すると時速54km（54 [km/h]）となる。先ほどの1時間あたりの平均時速と値が異なり、速度の精度が向上しているといえる。

しかし、それでもこの値は、図4.8のように「1秒間という間の平均の速度」である。より厳密にみれば、この1秒間の中でもその一瞬一瞬でやはり速度は異なり、必ずしも厳密に時刻 $t = t_1$ の速度を表しているわけではない。そこで、1秒間よりもっと短い時間、例えば $\Delta t = 0.01$ 秒（[s]）で考えてみる。確かに1秒間よりも速度の精度は上がる。しかし、この場合でも「0.01秒間という間の平均の速度」であり、厳密に時刻 $t = t_1$ におけるピンポイントでの速度ではない。なお、これ以降、[s] という単位がときに出てくるが、第3章の注釈2に示したように時間の「秒」を意味することに注意してほしい。

そこで、Δt を0.001秒 → 0.00001秒 → 0.0000001秒とどんどん小さくしていくと、速度の精度が向上していくことがわかるだろう。この時間をさらに小さくしていき、時間幅 Δt として**無限に小さい時間** dt を考え、そのときの移動距離 dy を考える。この「無限に小さい」という感覚はイメージとしては「$\Delta t = 0.00000\cdots1$ のゼロが無限に並んでいるもの」と思ってもらえればいい。ただし、完全なゼロとは違う[2]。そして時刻 t_1 における傾き $\frac{dy}{dt}$ を考える。無限に小さい時間 dt におけるこの傾きが $t = t_1$ における、平均値ではない正確な速度である。

このように、無限に小さい横軸の幅 dt の間に増加する量 dy を計算し、そのときの傾き $\frac{dy}{dt}$ を求める行為は微分そのものである。逆にいえば、時刻 t に応じて変化する y が関数 $y = f(t)$ で与えられたとき、この関数 $f(t)$ を時刻 t で微分した $\frac{df(t)}{dt}$ がその関数の傾きとなる。

式（4.4）、（4.5）において、実際の走行時間と移動距離から計算した自動車の速度の計算は、微分して傾きを求める概念を**近似的**に行った行為なのである。なお、今回の場合には変数を t としたが、当然、変数を x とし、関数を $y = f(x)$ とした場合には微分（傾き）は $\frac{dy}{dx} \left(= \frac{df(x)}{dx} \right)$ で表される。

2. あくまでもイメージであり、実際の数学的な定義とは異なる

4.2.3 ロボットの手先速度

これまでの微分を使って速度を導出する方法を、ロボットの例に拡張してみよう。最近は様々な家庭用ロボットが登場し、近い将来、ロボットが社会にさらに普及すれば、少子高齢化による労働人口の減少に対して1つの解決策になり、ロボットが一般家庭でお手伝いさんのように働いてくれる時代が来るかもしれない。

ここでは、家庭用ロボットが、ある家庭にお手伝いに来ているとしよう。今、図4.9（a）のように、テーブルの上に熱いお茶が注がれた湯飲み（もしくはティーカップ）が存在するものとする。そこで、お母さんはロボットにお茶をとってくれるようにお願いしたとする。ロボットは自分の腕（ロボットアーム）を駆使して、ロボットハンドで湯飲みをつかみ、お母さんのもとへ湯飲みを運んで手渡しすることを考えよう。

今、話を簡単にするために、図4.9（b）のように、高さ方向の移動は無視し、テーブルの上の水平面上にx軸が存在し、x軸上をロボットアームの手先が運動すると考える。このロボットアームを使って、ロボットは点Aで湯飲みをつかみ、それをテーブルの水平面上の点Bに持っていき、点Bで湯飲みを渡すとする。

このとき、お茶を**こぼさない**ことが重要である。お茶を運んでいる途中に、お茶をこぼして熱いお茶がお母さんにかかれば、大やけどを負ってしまう。

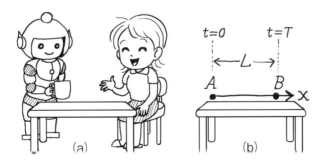

図4.9：ロボットがテーブル上のお茶をとり、点Aから点Bまで移動させる

湯飲みの中のお茶をこぼさないために、**湯飲みの移動中に急激な速度の変化を行わないようにしなければならない**。つまり、ロボットが点 A で湯飲みをつかんだとき、ロボットの手先の速度を急に大きくするのではなく、**徐々に速度を増加させる**。そして、点 B に向けて移動するとき、目標位置である点 B で急に速度をゼロにするのではなく、**徐々に減少させ**、最終的に速度をゼロにし、湯飲みを静止させる。

本当は、湯飲みのお茶がこぼれない条件はもっと複雑であるが、今回は簡単にするため、上述した条件のみを考える。この条件のもとで、どのようにロボットの手先を運動させればよいかを考えよう。

ロボットの手先は時刻 $t = 0$ [s] のときに点 A におり、時刻 t における点 A からの距離を $x(t)$ [m] とする。よって、$t = 0$ [s] のとき、$x = 0$ [m] となる。AB 間の距離を L とし、お茶を点 A でつかんでから、点 B で静止させるまでの想定される動作時間 T [s] とする。従って、$t = T$ のとき、$x = L$ となる。

この運動を満たす関数 $x = f(t)$ を選定することを目的としよう。上記の条件を満たす関数はたくさんあるが、今回は 2 つの候補を考える。1 つ目が三角関数を使う方法であり、2 つ目が 5 次関数を用いる方法である。前者の例としては

$$\text{三角関数の例：} \quad x(t) = -\frac{L}{2}\cos\frac{\pi}{T}t + \frac{L}{2} \tag{4.6}$$

となり、後者の例としては

$$\text{5 次関数の例：} \quad x(t) = -\frac{3L}{2}\left(\frac{t}{T}\right)^5 + \frac{5L}{2}\left(\frac{t}{T}\right)^3 \tag{4.7}$$

がある。この 2 つの関数は唐突に登場しているが、単に今回の例として筆者が選定したものである。確かに点 A での時刻 $t = 0$ [s] において両者とも

$x = 0$ [m] となり、点 B での時刻 $t = T$ [s] において両者とも $x = L$ [m] となる。

次にこれらの関数 $x(t)$ を時間 t で微分し、ロボットの手先の速度 $\dfrac{dx(t)}{dt}$ を求めてみよう。三角関数の例の場合では

$$三角関数の例: \quad \frac{dx(t)}{dt} = \frac{L\pi}{2T} \sin \frac{\pi}{T}t \tag{4.8}$$

となり、5 次関数の例の場合では

$$5次関数の例: \quad \frac{dx(t)}{dt} = -\frac{15L}{2T} \left\{ \left(\frac{t}{T}\right)^4 - \left(\frac{t}{T}\right)^2 \right\} \tag{4.9}$$

となる。点 A $(t = 0)$ と点 B $(t = T)$ において、両者とも $\dfrac{dx(t)}{dt} = 0$ となり、静止しているのがわかる。具体的に $L = 1$ [m], $T = 5$ [s] とし、これらの式をグラフに示したのが図 4.10 と図 4.11 である。これらの図では（a）では距離が、（b）では速度が示されている。

これらの図より確かにこの 2 つの関数が点 A と点 B での条件を満たしているのがわかる。しかしながら、図 4.10（b）の三角関数の速度を見ると、始点と終点での加速・減速が左右対称なのに対し、図 4.11（b）の 5 次関数では、加速に比べて減速が急激に行われているのがわかる。これでは、急減速の際にお茶をこぼす可能性が高くなる。したがって今回の場合には、お母さんの安全面を考えて、式（4.6）で示される三角関数の軌道でロボットアームの手先運動を行ったほうがよさそうである。

今回は、家庭用ロボットのアーム動作の話題で微分の話をしたが、これと同様の手法は、実際の工場などにおける産業用ロボットのアームの軌道計画やヒューマノイドロボットにおける運動計画にも利用されている。

工場内の産業用ロボットを用いた製品の組み立てでは、ある地点（初期位

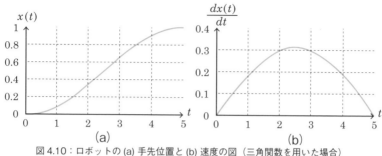

図 4.10：ロボットの (a) 手先位置と (b) 速度の図（三角関数を用いた場合）

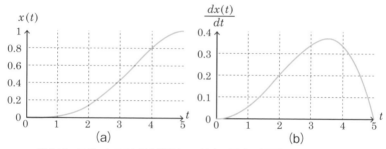

図 4.11：ロボットの (a) 手先位置と (b) 速度の図（5 次関数を用いた場合）

置）でロボットアームがつかんだ部品を別の地点（終端位置）に持っていき、部品の運搬や組み付けを行う。その際、静止状態の初期位置から手先を徐々に加速し、その後減速して終端位置で部品を静止させる。このようなロボットアームの動作をピックアンドプレイスというが、基本的には今回の議論の手先の軌道を x, y, z 座標の三次元に拡張し、軌道計画を行っている。

4.3 積分とカーナビとドローンの話

4.3.1 距離と速度の積分関係

次に話題を積分に変えてみよう。よく、数学の授業などでは先生が「積分すると、その関数の面積を求めることができる」と説明をすることが多

い。確かに、第 4 章 1 節にスライサーと接着剤の関係で示したように、関数 $y = f(x)$ を x で積分すれば、その関数と x 軸とで囲まれる面積を計算できる。そして、この積分を行うという行為も、実は我々は社会生活の中で無意識に利用している。その 1 つが先ほどの自動車運転の例における速度と距離の関係である。

先ほどの例と同様に自動車は直線運動をしているものとし、出発点からのの走行距離を x とし、出発時刻からの時間を t とする。このとき、自動車の速度を $v(t)$ とすれば、微分のところで説明したように、速度 $v(t)$ は距離を表す関数 $x(t)$ を時間 t で微分し、$v(t) = \dfrac{dx(t)}{dt}$ で表される。

今、時速 50km の一定速度で走っている自動車を考えよう。このとき、2 時間走ったとすると、そのときの走行距離は

$$50 \, [\text{km/h}] \times 2 \, [\text{h}] = 100 \, [\text{km}] \tag{4.10}$$

である。

次に、自動車が急にスピードを上げて時速 75km になったとする。厳密には自動車は急にスピードを 1.5 倍にするのは不可能であり、実際は徐々にスピードを増していくのだが、話を簡単にするために、階段状にいきなりスピードが 1.5 倍になったとしよう。その後、時速 75km で 4 時間走ったとする。この動きについて速度と時間の関係をグラフにしたものが図 4.12 である。

さて、最初の 2 時間と次の 4 時間の合計 6 時間での走行距離は

$$(50 \, [\text{km/h}] \times 2 \, [\text{h}]) + (75 \, [\text{km/h}] \times 4 \, [\text{h}]) = 400 \, [\text{km}] \tag{4.11}$$

となる。式 (4.11) を図 4.12 と照らし合わせると、速度－時間グラフにおいて、その移動距離は速度の値（時速 50km と時速 75km）と横軸（時刻）でできる 2 つの長方形の面積の和で表されることがわかる。今回は自動車の速度が 1 回変化する場合であるが、これを拡張し、速度が複数回にわたり変

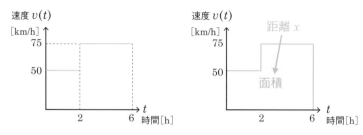

図 4.12：速度と時間のグラフにおける面積が距離を表す

化した場合でも、同様にその時々の速度にその速度で走った時間をかけた長方形の面積を足し合わせることで、その走行距離を求めることができる。

　次に、速度が連続的に滑らかに変化する場合の走行距離はどうやって計算したらよいだろうか？　この場合には、図 4.13（a）のように、時間の幅の小さな多数の長方形によって、近似的に面積を求めることができる。さらに長方形の時間幅をどんどん小さくしていくと、近似誤差が小さくなり、長方形の時間幅をゼロに近づけることで、図 4.13（b）のように曲線の面積をきっちりと求めることができ、移動距離を求めることが可能となる。つまり、ある物体が時刻 0 から t まで速度 $v(t)$ で移動している場合には、その間の総移動距離 $x(t)$ は速度－時間グラフでの面積で表され、速度 $v(t)$ を時刻 t で積分し、

$$x(t) = \int_0^t v(t)dt \tag{4.12}$$

で表現できる。確かに上式を時刻 t で微分すれば、

$$\frac{dx(t)}{dt} = v(t) \tag{4.13}$$

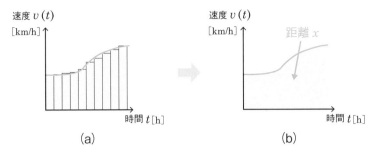

図4.13：速度と時間のグラフにおいて、速度が滑らかに変化する場合の面積

となり、距離と速度の関係は時刻 t に関して、微分と積分で表裏一体の関係にあることがわかる。

上記の例は、自動車の直線運動の場合であったが、この考えを回転運動に拡張してみよう。今、図4.14のように軸の回転運動を考えよう。この軸の回転は、例えばモータの軸の回転などをイメージしてもらえれば理解しやすいだろう。以下では**角速度**という言葉が頻繁に登場するため、念のため角速度について説明しておく。

角速度とは、単位時間あたり、例えば1秒間に角度がどのくらい変化するのかを意味する。例えば、2秒間に角度が π [rad]（ $= 180°$ ）変化したとすれば、その角速度 ω は $\omega = \dfrac{\pi}{2}$ [rad/s] となる。

この回転に関する角速度は、直線運動における速度と強い類似性が成り立つ。軸の角度 $\theta(t)$ [rad] が時間 t に応じて変化する場合、先ほどの自動車の速度と同様に、ある時刻 t における角速度 $\omega(t)$ は、角度 θ を時刻 t で微分して、

$$\omega(t) = \frac{d\theta(t)}{dt} \tag{4.14}$$

で示される。これは図4.14に示すように、角速度 $\omega(t)$ が時刻 t を変数とする関数 $\theta(t)$ の傾きを表しているということである。

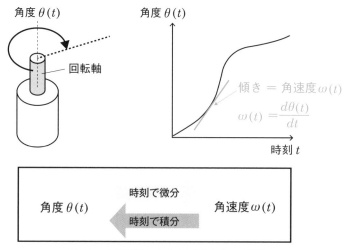

図 4.14：回転運動における角度と角速度の関係

　逆に角速度の積分について考えてみよう。今、軸の角度が常に 1 秒あたり $\frac{\pi}{4}$ [rad] で変化するような一定の回転運動をしていたとする。つまり、角速度 $\omega = \frac{\pi}{4}$ [rad/s] である。このとき、この角速度で 8 秒間運動したとすれば、その間に移動した角度 θ は $\frac{\pi}{4} \times 8 = 2\pi$ [rad] となる。この例では、一定の角速度であったが、先ほどの自動車の速度と距離の議論と同様に、時間によって変化する角速度 $\omega(t)$ で時刻 0 秒から t 秒まで変化した際のその動いた角度 θ は角速度を時刻で積分して、次式で示される。

$$\theta = \int_0^t \omega(t)\ dt = \int_0^t \frac{d\theta(t)}{dt}\ dt \tag{4.15}$$

4.3.2　カーナビの話
　本書の目的は高校数学が社会のどのようなところで活用されているかを解説することなので、次は実際の応用例を語っていこうと思う。まずは、位置推定の話をしよう。

　今やカーナビが搭載されている自動車は非常に多くなってきている。目的地を入力すれば自動で現在位置と目的地までの経路を表示してくれるカーナビゲーションは、今やなくてはならない自動車アイテムの1つであるといえる。また、同様のものとしてスマホなどに搭載されている地図アプリなども、ビジネスパーソンなどが出張で見知らぬ土地を移動する際には非常に便利である。

　このようなナビゲーションツールの根幹をなすセンサが、ご存じGPSである。第3章で説明したように人工衛星からの信号を距離に変換し、地球上の受信機（自動車やスマホ）の位置を推定する。

　この位置推定の際、受信機が宇宙空間の人工衛星からの電波を受信する必要がある。このとき、もし遮蔽物があると人工衛星からの電波が受信機に届かず、正確な位置情報を取得できない。

　例えば、わかりやすい例として、カーナビを搭載した自動車が長いトンネル内を走行する場合を考えよう。この場合では、トンネルに入る前には人工衛星の電波を受信してGPSにより位置情報を知ることができる。しかしながら、トンネルに入ったとたん、電波を受信できなくなり、位置情報を得ることが困難となる。

　そこで、図4.15のように自動車のタイヤの角速度$\omega(t)$ がわかれば、タイヤの角速度を時間tで積分することで、その間のタイヤの回転角を知ることができる。ちなみに回転角といっても、例えば10000π [rad] のような感じであり、2πで一周であるから、タイヤが「何周」とプラス「どのくらいの角度」回ったのかを知ることができるのである。

　さらに、その回転角にタイヤの半径を掛けることで、自動車の移動距離がわかる。このように、電波が届かないトンネル内では、補助的に自動車のタイヤの角速度を積分することで移動距離を求めており[3]、電波の届かない間のデータを補完しているのである。

---

3. 実際には角速度のデータ以外にも、方向など複数のセンサからのデータを統合してデータを補完している

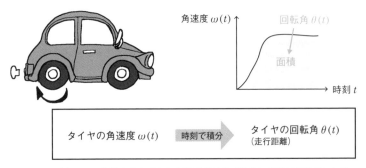

図4.15：自動車のタイヤの角速度を時刻で積分して走行距離がわかる

4.3.3　ドローンの話

　同様の技術は、様々なところで利用されている。最近はやりの**ドローン**のコントロールにもこの技術が使われている。ドローンの姿勢制御では、ドローンの姿勢角度を知る必要がある。

　図4.16を見てみよう。ドローンをわかりやすくxy平面で考えたものである。この場合には、左右2つのプロペラの回転をコントロールして、姿勢を水平に保つようにコントロールしている。当然であるが、このバランスを上手にコントロールしないと、バランスを崩して墜落する。

　そこで、時刻tにおけるドローンの角度$\theta(t)$を知ることができれば、例えば図4.16のように角度θが$\theta > 0$となった場合には、右のプロペラを弱め、左のプロペラの回転を速くすることで、ドローン本体に時計回りの回転力を発生させて角度θを減少させる方向に動かす。一方、$\theta < 0$の場合には反対に左のプロペラの回転を弱め、右を強めることで反時計回りの回転力を発生させる。このようにしてバランスを調整し、本体を水平（もしくは水平に近い状態）に保つことで、墜落しないのである。

　このようなドローンの姿勢コントロールを行う場合には、ドローンの水平面からの角度θをセンサなどで計測してやる必要がある。ところが、**この水平面からの角度を計測するのは意外にも難しい**。比較的簡単な方法の1つが、図4.17（a）のように振り子のような重りを利用し、重力の方向を計測する

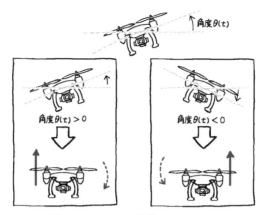

図4.16：ドローンの姿勢コントロール

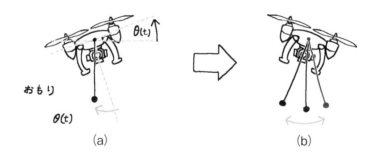

図4.17：振り子を利用したドローンの姿勢角度の計測

方法である。こうすればドローンが傾いた場合には角度 θ を計測可能である。しかし、この方法ではドローンが繰り返し左右に動いた場合には、図4.17（b）のように重りが振動して、正確な角度を計測できなくなる。

そこで一般に、ドローンには**ジャイロセンサ**と呼ばれる**角速度センサ**が搭載されている。この角速度センサはドローンの姿勢の角速度 $\omega(t)$ をリアルタイムに計測できる。ただし、計測できるのはあくまでも角速度 $\omega(t) = \dfrac{d\theta(t)}{dt}$ であり、角度 $\theta(t)$ を時刻 t で微分した物理量である。その

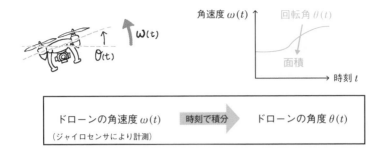

図 4.18：角速度センサからのデータを時刻で積分して角度を求める

ままでは角度 $\theta(t)$ を知ることができない。

そこで、図 4.18 のように時々刻々と変化する角速度 $\omega(t) = \dfrac{d\theta(t)}{dt}$ を時刻 t で常に積分することで、ドローンの角度 $\theta(t)$ を知ることができ、先ほど説明したような姿勢制御を用いて空中を飛ぶことが可能となる[4]。なお、このようなジャイロセンサはゲームコントローラにも搭載されている場合があり、コントローラを振ったりして操作する際には、角速度を積分することで、コントローラの角度を求めている場合もある。

4.4 ロボットにおける微分・積分の応用

4.4.1 ロボットのセンサと微分

三角関数のところで説明したロボットアームに再び登場してもらおう。このようなロボットアームをコントロールする際には、関節を駆動させるモータ[5]と関節の状態を計測するセンサが必要となる。センサによるロボットアームの関節状態の計測には、関節の角度のみならず、**角速度の計測も重要**となる。

関節の角度と角速度を計測する場合に思いつくのが、角度センサと角速度センサである。一般に角度センサも角速度センサも、図 4.19 のようにモータと似たような外見をしている。ただし、モータが外部から電気を与えて軸を駆動させるのに対し、角度センサと角速度センサは**外部からの力で軸を回**

4. 実際には、トンネル内を走行する自動車の例の注釈で説明したように、複数のセンサを組み合わせ、精度を高めている
5. ロボット用のモータにも様々な種類があるが、ここでいうモータとはミニ四駆などに用いられている直流モータをイメージしていただければよい

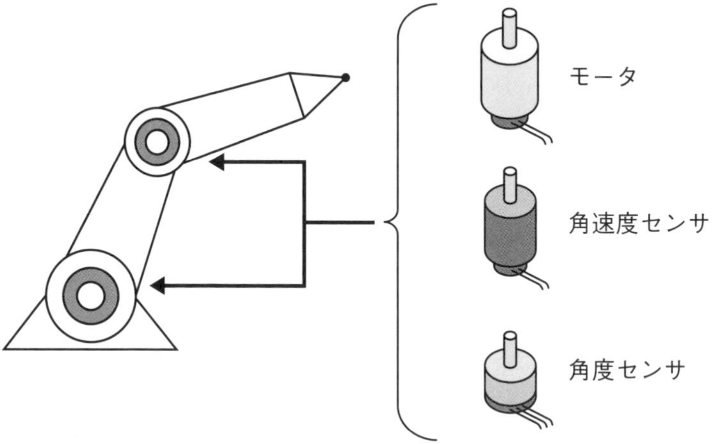

図 4.19：ロボットの関節におけるモータとセンサ

転させ、その時の角度や角速度を計測している。

さて、ここで問題なのは、ロボットアームをコントロールするには各関節ごとに**モータと角度センサ、角速度センサの３つが必要**になり、これらを狭いボディの中に組み込まなくてはならない点である。

各関節に２種類あるセンサのうち、１つを減らすことができれば軽量化が可能となり、コスト面、メンテナンス面からも有利である。一般にロボットアームにとって、軽量化は非常に重要である。アームが重くなると重力の影響が大きくなり、アームの自重を支えるのにモータのパワーを消費してしまい、関節の駆動に割けるパワーが小さくなってしまうからである。

そこで、先ほどの微分の関係を利用すれば、角度センサのみを用いて、角度と角速度の両方を１つのセンサで知ることが可能となるため、角速度センサが不要となり、ロボットアームの軽量化を図ることができるのである。

具体的に説明しよう。図 4.20 のように、角度センサにより時刻 t での関節角度 $\theta(t)$ が計測されていたとする。このとき、時刻 t に対し微小時間 Δt 秒前の時刻を t' とし、そのときの角度の値を θ' とする。そして運動中における時刻 t' と角度 θ' の値を計測してコンピュータのメモリに記憶させてお

く。

この間の $\Delta t = t - t'$ 秒間に変化した角度を $\Delta\theta = \theta - \theta'$ とすれば、この間の**平均角速度**は図 4.20 のように角度 − 時間グラフでの傾き $\left(\dfrac{\Delta\theta}{\Delta t}\right)$ で表される。ただし、この方法で計測された角速度は、先述したように Δt 秒間の平均角速度であるため、実際の角速度 $\dfrac{d\theta}{dt}$ に対して、以下のような近似値となる。

$$\frac{d\theta}{dt} \fallingdotseq \frac{\Delta\theta}{\Delta t} \tag{4.16}$$

この関係を利用することで、角度センサのみを用いて関節の角度と角速度を同時に得ることができるのである。

実際のロボットのコントロールにおいては、$\Delta\theta = 0.001$ 秒以下で行われることが多く、近似値とはいえ高い精度で角速度を得られることが多い。この方法を利用することで、角速度センサを搭載しなくともよくなる。「たかが 1 つのセンサを省略できる程度」と侮るなかれ。人間型ロボット（ヒューマノイドロボット）の場合では、全体では 20 〜 40 個の、ときにはそれ以上の関節数があるので、その分、全体ではかなりの重さとコストの節約となるのである。

4.4.2　ロボットの手先速度と関節速度の関係

引き続きロボットの話をしよう。ロボットアームのハンド（手先）をコントロールするうえで重要なのは、「手先をどのように動かすか？」ということであるが、手先はアームの関節に仕込まれたモータによって関節を駆動させることでコントロールできる。

つまり、「目的の手先運動を実現するには、**どのように関節を動作**させればよいか？」が重要となる。第 2 章 3 節の式 (2.7) では、手先位置と関節角度の図形的関係を三角関数によって求めた。本節では、式 (2.7) を微分を用いて式変形し、そこから得られる情報を紹介しよう。

図 2.20 における 2 リンク・2 関節のロボットアームにおける手先と関節角

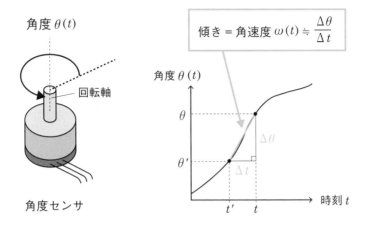

図4.20：ロボットコントロールにおける角度センサによる角速度の算出

度の関係式（順運動学）をもう一度、ここに記載しておこう。

$$\begin{cases} x = L_1 \cos \theta_1 + L_2 \cos(\theta_1 + \theta_2) \\ y = L_1 \sin \theta_1 + L_2 \sin(\theta_1 + \theta_2) \end{cases} \tag{4.17}$$

　このロボットアームは**非冗長**であり、2つの関節角度(θ_1, θ_2)をコントロールすることで、手先位置(x, y)をコントロールできる。ここで、式（4.17）のθ_1，θ_2，x，yはアームの運動中に時刻tが変化すると、その値も変化する。つまり、これらの変数は時刻tの関数と考えることができる。

　そこで、式（4.17）を時刻tで微分してみよう。すると、左辺のxとyはそれぞれ、$\dfrac{dx}{dt}$，$\dfrac{dy}{dt}$となる。$\dfrac{dx}{dt}$が手先のx軸方向の速度を、$\dfrac{dy}{dt}$がy軸方向の速度を表すことに注意しよう。

　次に式（4.17）の右辺の微分を計算しよう。ただし、ここで注意が必要である。θ_1とθ_2が時刻tの関数であることに注意する。すると、例えば$\cos \theta_1$を時

刻 t で微分する際には単純に「$\cos\theta_1$ を θ_1 で微分する」わけではない。式 (4.17) 右辺の第1項の計算には以下のような合成関数の微分を行う必要がある。

合成関数の微分

$$\frac{d\cos\theta_1}{dt} \quad = \quad \frac{d\cos\theta_1}{d\theta_1}\frac{d\theta_1}{dt} = -\sin\theta_1 \times \frac{d\theta_1}{dt} \qquad (4.18)$$

$$\frac{d\sin\theta_1}{dt} \quad = \quad \frac{d\sin\theta_1}{d\theta_1}\frac{d\theta_1}{dt} = \cos\theta_1 \times \frac{d\theta_1}{dt} \qquad (4.19)$$

また、式 (4.17) 右辺の第2項を計算すると、$\theta_1 + \theta_2 = \Theta$ とおけば

$$\frac{d\cos(\theta_1+\theta_2)}{dt} = \frac{d\cos\Theta}{d\Theta}\frac{d\Theta}{dt} = -\sin(\theta_1+\theta_2) \times \left(\frac{d\theta_1}{dt} + \frac{d\theta_2}{dt}\right) (4.20)$$

$$\frac{d\sin(\theta_1+\theta_2)}{dt} = \frac{d\sin\Theta}{d\Theta}\frac{d\Theta}{dt} = \cos(\theta_1+\theta_2) \times \left(\frac{d\theta_1}{dt} + \frac{d\theta_2}{dt}\right) \quad (4.21)$$

となる。結局これらの計算をまとめると、式 (4.17) を時刻 t で微分した式として次式を得る。

$$\begin{cases} \dfrac{dx}{dt} = -L_1\sin\theta_1\,\dfrac{d\theta_1}{dt} - L_2\sin(\theta_1+\theta_2)\left(\dfrac{d\theta_1}{dt} + \dfrac{d\theta_2}{dt}\right) \\[3mm] \dfrac{dy}{dt} = L_1\cos\theta_1\,\dfrac{d\theta_1}{dt} + L_2\cos(\theta_1+\theta_2)\left(\dfrac{d\theta_1}{dt} + \dfrac{d\theta_2}{dt}\right) \end{cases} \quad (4.22)$$

この式 (4.22) を詳しく見てみよう。左辺は先述したようにロボットアームの手先の速度を意味する。そして、リンク長さ（L_1 と L_2）の値は変化しないため、右辺にはロボットアームの関節の角度 θ_1, θ_2 とそのときの関節角速度 $\left(\dfrac{d\theta_1}{dt}\text{と}\dfrac{d\theta_2}{dt}\right)$ を上式に入力すれば、ロボットアームの手先の速度を

計算できる。

つまり、ロボットアームが運動中にあるとき、関節に搭載された角度セン サによって、そのときの関節角度と角速度を計測すれば、上式を介すること で、そのときの実際の手先速度がわかるのである。式（4.17）と式（4.22） を用いることで、カメラなどで手先の状態を直接計測しなくとも、関節の状 態からロボットアームの手先位置と手先速度がどのような状態にあるのかを 知ることができるのである。

4.4.3　油圧シリンダの話

次に、ロボットの話題に関連してモータの話をしよう。ロボット用のモー タといえば、読者の皆さんが真っ先にイメージするのは、ミニ四駆などに用 いられている直流モータだと思う。直流モータは電気と磁気の力を利用して 回転力を発生させており、このような電気と磁気を利用して駆動させるモー タは、直流モータ以外にもいくつかの種類が存在する。そして、電気と磁気 を利用するモータを総称して電磁気駆動モータという。

しかし、実は意外かもしれないが、この電磁気駆動モータには**発生できる 回転力が小さい**という大きな欠点が存在する[6]。ロボットアームに組み込ん だモータの回転力は、ロボットの性能を決定づける要素の1つとなっている。 当然だが、回転力が小さいモータでは関節で発生できる回転力が小さく、ロ ボットアーム全体で大きなパワーが発生できない。従って、ロボットに非常 に大きなパワーを発生させたい場合には、電磁気駆動モータを利用するのは 不利となる。そこで、電磁気駆動モータに代わり、その他の種類の駆動装置 を利用することになる。

ハイパワーのロボット用駆動装置の1つが、油圧シリンダである（図4.21）。 この油圧シリンダは非常に大きなパワーを簡単に発生できるため、土木・建 築分野で多く用いられている。油圧シリンダは図4.22のようにパワーショ ベルなどの建設機械で用いられている伸縮する棒状のパーツである。パワー ショベルは、人間の腕を機械に置き換えるという意味でロボットアームと そっくりである。実は現在、パワーショベルに代表される建設機械はロボッ ト化が進んでいて、テレビゲームのコントローラのようなものでコントロー ルするパワーショベルも存在する。そして、ロボット工学の分野では、この

6. 回転力と表現したが、厳密にはトルクという物理量である

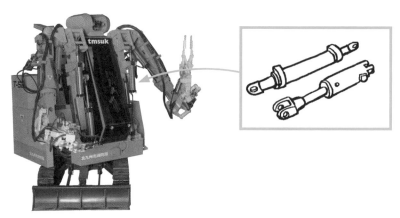

図 4.21：油圧シリンダ（T-52 援竜 © 株式会社テムザック）

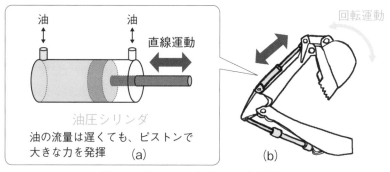

図 4.22：油圧シリンダの仕組みと建設機械

油圧シリンダを用いたハイパワーなロボットが存在する。

　この油圧シリンダは、簡単にいえば図 4.22（a）のように、円筒状の内部の空間をピストンによって左右に分離し、外部のポンプによって非圧縮性の油[7]を流入させることで、直線運動を発生する。一般にロボットに利用する場合には、図 4.22（b）のようにテコの原理を利用し、関節の回転力を得る。

　ポンプからシリンダ内部に流入する油は、その量が少しずつだとしても、

7. 非圧縮性とは、圧縮しても体積が変わらない特性をいう

油の圧力が高ければ、ピストン面全体で油の圧力を受けて、大きな力を発生することができる。油圧シリンダを用いたロボットでは、結果的にはロボットの関節角度をコントロールしたいのであるが、そのためにはピストンの移動距離をコントロールする必要がある。しかし、ピストンの移動距離は直接的にコントロールできない。直接コントロールできるのはバルブの開放具合である。バルブとは簡単にいえば、水道のハンドルのようなモノであり、バルブを調整することでポンプからシリンダに流入する油の**流量**がコントロール可能となる。以下では、ピストンの移動距離と油の流量の関係について考えてみよう。

今、図 4.23 のようにピストンの移動距離を $x(t)$ [m]、ピストンの油の受圧面積を S [m²] とする。話を簡単にするために、今回は時刻 $t = 0$ [s] のときに $x = 0$ とし、シリンダの左側に流入する油のみを考える。そして、流入する油の流量を $q(t)$ [m³/s]、時刻 $t = 0$ から t 秒間に流入する油の体積を $V(t)$ [m³] とする。

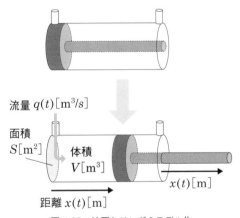

流量 $q(t)$ [m³/s]

面積 S [m²]

体積 V [m³]

$x(t)$ [m]

距離 $x(t)$ [m]

図 4.23：油圧シリンダのモデル化

流量と体積の関係

ここで流量について説明しよう。流量とは 1 秒間あたりに流れる油（も

しくは以下の例では水）の体積である。身近な例として水道を用いて説明しよう。水道では、ハンドルを回し蛇口から水を出す。このとき、1秒間に蛇口から流れ出る流量について考えよう。水の移動速度が速いほど、そして移動する面積が大きいほど「1秒あたりに流れる水の体積（＝流量）」は大きくなる。

　例として、図 4.24 のように水道の蛇口から水を出す。時刻 $t = 0$ [s] から 2 秒間は流量 10 [m³/s] で、その後、さらにハンドルを回し $t = 2$ [s] から 3 秒間、流量 20 [m³/s] だったとする。このとき、0 秒から 5 秒までの間に蛇口から出た水の体積 V は

$$V = 10[\mathrm{m}^3/\mathrm{s}] \times 2[\mathrm{s}] + 20[\mathrm{m}^3/\mathrm{s}] \times 3[\mathrm{s}] = 80[\mathrm{m}^3] \tag{4.23}$$

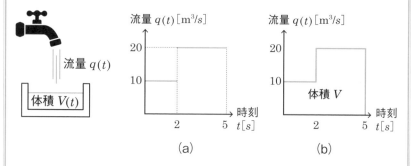

図 4.24：(a) 流量と時間の関係　(b) 流量と体積の関係

となる。これは図 4.24 の流量－時間グラフにおいて、その流量と横軸とで作られる面積である。したがって、時刻 t によって変化する流量 $q(t)$ の場合には、0 秒から t 秒までに流出した水の体積 $V(t)$ は

$$V(t) = \int_0^t q(t)\,dt \tag{4.24}$$

で求めることができる。

さて、流量と体積の関係がわかったところで、話を油圧シリンダの話に戻そう。油圧シリンダでは、バルブを開放すれば流量 $q(t)$ が大きくなり、閉めれば流量が小さくなる。今、このバルブにはモータが取り付けられており、コンピュータプログラムによってバルブを閉じたり開いたりして、油の流量 q をコントロールでき、任意の流量が実現できるとする。このとき、時刻 0 から t の間にシリンダに流入する油の体積 $V(t)$ は、式 (4.24) で示される。

一方、ピストン内部の油が入っている空間の体積 V は、ピストンの移動距離 $x(t)$ [m] と受圧面積 S [m²] との積で次式で得られる。

$$V(t) = S\, x(t) \tag{4.25}$$

従って、式 (4.24) に (4.25) を代入することで、結局、時刻 t におけるピストンの移動距離 $x(t)$ は以下で計算できる。

$$x(t) = \frac{1}{S} \int_0^t q(t)\, dt \tag{4.26}$$

上式から、油圧シリンダにどのくらいの流量 $q(t)$ を与えれば、ピストンの移動量 $x(t)$ がどのくらいになるかを積分を用いて計算でき、流量 $q(t)$ をコンピュータでコントロールすることで、結果的にピストン移動量 $x(t)$ がコントロール可能となるのである。

実際のロボットやコンピュータ制御された建築用機械では、このように油圧シリンダのバルブを調整してシリンダの長さをコントロールし、結果的に各関節角度をコントロールしている。また、ジャンボジェットなどの飛行機の多くは、主翼や尾翼などの翼の傾きを油圧シリンダによって変化させることで上昇・下降、左右旋回などを行っている [8]。このような飛行機のコント

8. 便宜上、翼の傾きと書いたが実際に変化するのは、フラップなどと呼ばれる翼の一部分の傾きである

ロールでは、パイロットが操縦桿を操作し、式（4.26）などから油圧シリンダのバルブの操作量を求め、コントロールすることで、飛行機が安全に飛べるのである。

　余談ではあるが、飛行機などの場合では油圧シリンダの中の油が漏れると、翼をコントロールできず、最悪の場合には墜落してしまう。そこで、万が一、油漏れが発生しても大丈夫なように、安全のため2重から4重の配管がされている。1985年に起きた日本航空123便墜落事故では、この予備を含む全ての油圧配管が失われ、不幸な事故につながってしまっている。

第5章

ベクトル・行列

高校数学のカリキュラムは年代によって変わる。例えば筆者が高校生の頃には高2でベクトル・行列の内容を学んでいたが、2012年以降に高校に入学した生徒からは行列の内容がカリキュラムから外されている。ただし、ベクトルの内容はまだ残っている。しかし今後、また行列が高校数学のカリキュラムに復活するかもしれない。そこで、高校でベクトル・行列を習った世代には復習として、未習の世代には予習や新しい知識を得る機会と思って本章を読んでいただきたい。

5.1 ベクトルの概念

5.1.1 ベクトルの復習

　未習の若い世代には、「行列」と言われてもピンと来ないだろうから、ここでは簡単に説明しておく。**行列とは複数の数値やベクトルをセットとしてまとめて表現したものである。**行列は主にベクトルと組み合わせて計算に用いることが多く、後述するようにベクトルの値を変更したりすることができる。

　しかし、残念ながら、過去に行列を習った社会人にとっても、多くの人にとってベクトル・行列が社会でどのような利用価値があるのか、イマイチわからない代物であろう。しかし、このベクトル・行列も現在の社会で幅広く使われており、なくてはならない存在なのである。

　まずはベクトルの復習をしておこう。

ベクトルの基本計算

　ベクトルとは

$$\vec{a} = (1,\ 2), \qquad \vec{b} = \begin{pmatrix} 3 \\ 4 \end{pmatrix} \qquad (5.1)$$

などのように、括弧の中に数が縦列や横列に格納された「まとまり」である。上式の $\vec{a}$ のように、横に数の並んだものを行ベクトル（または横ベクトル）といい、$\vec{b}$ のように縦に並んだものを列ベクトル（または縦ベクトル）という。

　今、2つのベクトル $\vec{c}$, $\vec{d}$ が以下で与えられているとする。

$$\vec{c} = \begin{pmatrix} c_1 \\ c_2 \end{pmatrix}, \qquad \vec{d} = \begin{pmatrix} d_1 \\ d_2 \end{pmatrix}$$

このとき、係数 α とベクトル $\vec{c}$ の掛け算は以下となる。

$$\alpha \vec{c} = \begin{pmatrix} \alpha c_1 \\ \alpha c_2 \end{pmatrix} \tag{5.2}$$

ここで α はスカラーと呼ばれる値であるが、簡単にいえば、ベクトルでも行列でもない。普通の数だと思ってもらえばよい。また、ベクトル $\vec{c}$ と $\vec{d}$ の足し算は以下で表される。

$$\vec{c} + \vec{d} = \begin{pmatrix} c_1 + d_1 \\ c_2 + d_2 \end{pmatrix}$$

5.1.2　位置ベクトル

高校数学では数が 2 つまとまった 2 次元ベクトル、3 つまとまった 3 次元ベクトルを習う。2 次元ベクトルを xy 平面内の位置ベクトル、3 次元ベクトルを xyz 空間内の位置ベクトルと結びつけて学習する。位置ベクトルとは簡単にいえば、座標系において原点を始点とするベクトルである。

ただし、ベクトルには数を 10 個セットで考える 10 次元ベクトルや、100 個セットで考える 100 次元ベクトルなど、そのサイズはいろいろ存在する。このような次元が大きいベクトルは大学で習う。ただし、やはり理解しやすいのは、xy 平面内で図形的・視覚的に考えることが容易な 2 次元ベクトルであろう。そこで本書では、主に 2 次元ベクトルを用いてベクトルと行列の社会での利用例を説明していくことにしよう。

高校ではベクトルは**方向と大きさを同時に持つ**と習ったと思う。この概念を xy 平面内の 2 次元ベクトルでおさらいしておこう。今、簡単な例として xy 平面上の地図を考えよう。その地図上には東京、札幌、福岡の都市の空港の位置が記載されている。図 5.1 のように、東京から移動し、札幌と福岡を訪れ、東京→札幌→福岡→東京という順番に移動することを考えよう。そ

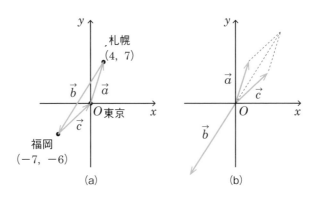

図 5.1：2 次元ベクトルの例（東京、札幌、福岡の位置関係）

れぞれ飛行機で移動すると、「東京→札幌」「札幌→福岡」「福岡→東京」の
3 回のフライトが必要である。ここで、3 つの空港の位置座標を適当に与え、

・東京： $(x_T,\ y_T) = (0, 0)$
・札幌： $(x_S,\ y_S) = (4, 7)$
・福岡： $(x_F,\ y_F) = (-7,\ -6)$

としよう。それぞれのフライトは単純な直線運動とみなし、出発地と目的地
をベクトルの始点と終点と考える。そこで、以下のようにベクトルを定義する。

$\vec{a}$：東京→札幌のベクトル

$\vec{b}$：札幌→福岡のベクトル

$\vec{c}$：福岡→東京のベクトル

このようなベクトルを計算する際には、ベクトルの「終点から始点を引き
算」することで求められ、今回の場合では、以下の 2 次元ベクトルで示される。

$$\vec{a} = \begin{pmatrix} x_S - x_T \\ y_S - y_T \end{pmatrix} = \begin{pmatrix} 4 - 0 \\ 7 - 0 \end{pmatrix} = \begin{pmatrix} 4 \\ 7 \end{pmatrix}$$

$$\vec{b} = \begin{pmatrix} x_F - x_S \\ y_F - y_S \end{pmatrix} = \begin{pmatrix} -7 - 4 \\ -6 - 7 \end{pmatrix} = \begin{pmatrix} -11 \\ -13 \end{pmatrix}$$

$$\vec{c} = \begin{pmatrix} x_T - x_F \\ y_T - y_F \end{pmatrix} = \begin{pmatrix} 0 - (-7) \\ 0 - (-6) \end{pmatrix} = \begin{pmatrix} 7 \\ 6 \end{pmatrix}$$

なお、ベクトル表記は縦ベクトル、横ベクトルのどちらでも表記が可能であるが、本書では、後述する「ベクトルと行列との計算」のしやすさを考慮し、縦ベクトルで表記する。

また、各航路における距離はベクトルの大きさであり、三平方の定理より、以下で示される。なお、ベクトルの大きさは絶対値を用いて、例えば $|\vec{a}|$ のように表す。

$$|\vec{a}| = \sqrt{(x_S - x_T)^2 + (y_S - y_T)^2} = \sqrt{4^2 + 7^2} \fallingdotseq 8$$

$$|\vec{b}| = \sqrt{(x_F - x_S)^2 + (y_S - y_T)^2} = \sqrt{(-11)^2 + (-13)^2} \fallingdotseq 17$$

$$|\vec{c}| = \sqrt{(x_T - x_F)^2 + (y_S - y_T)^2} = \sqrt{7^2 + 6^2} \fallingdotseq 9$$

図 5.1（a）では、航路として東京から出発して、札幌と福岡を経由して再び東京に戻っていることが示されている。さて、これらの航路を表すベクトルを平行移動し、始点を原点にそろえたものが図 5.1（b）である。それぞれの航路を位置ベクトルで図示することで、各航路の距離と方向が一目瞭然となる。さらに、それぞれのベクトルを足し合わせると、

$$\vec{a} + \vec{b} + \vec{c} = \begin{pmatrix} 4 - 11 + 7 \\ 7 - 13 + 6 \end{pmatrix} = \begin{pmatrix} 0 \\ 0 \end{pmatrix} \tag{5.3}$$

となり、「東京→札幌」「札幌→福岡」「福岡→東京」の3つのフライトを組み合わせると、出発地点（東京）に戻ってくることがわかる。

5.1.3 様々な分野で用いられるベクトル

先ほどはベクトルの復習として、比較的理解が容易な2点間の移動を表すベクトルについて説明した。しかし、ベクトルというのは必ずしもこのようなものだけをいうのではない。ベクトルに格納する中身は、数字（もしくは変数）で示されるものならば何でもいい。例えば、自動車の性能を考えたとき、価格、燃費、サイズ、加速性、操作性の5つの数値を考える。このとき、それぞれの値を$a \sim e$の数値で表現し、それらのまとまりをベクトル$\vec{a}_{car}$で表せば、

$$\vec{a}_{car} = \begin{pmatrix} a \\ b \\ c \\ d \\ e \end{pmatrix} = \begin{pmatrix} 価格 \\ 燃費 \\ サイズ \\ 加速性 \\ 操作性 \end{pmatrix} \tag{5.4}$$

と、車の性能をベクトルで表現できる。同様の例としては、図5.2のように、収穫した果物があったとして、それぞれの収穫物の「甘さ」「大きさ」「重さ」「色」「香り」などを数値化し、それをベクトルで表現することで、個々の収穫物の特徴を1つのベクトルで表現できる。

このようにベクトルは、いくつかの数値特性を持つ状態を1つのまとまりで表現できることから、実社会の様々な技術の中で用いられている。例えば、ロボットの人工知能などでは、ロボットの感情を人工的に表現する手段として、感情を「怒り」「驚き」「悲しみ」「喜び」の4つをa_g, s_p, s_d, h_pの数値で表現し、それを感情ベクトル$\vec{f}_{el}$として

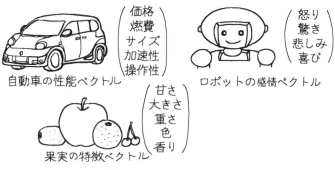

図 5.2：いろいろなベクトル

$$\vec{f_{el}} = \begin{pmatrix} a_g \\ s_p \\ s_d \\ h_p \end{pmatrix} \tag{5.5}$$

と与えることで、ロボットの感情を表現できるのである。

5.2　行列の概念

5.2.1　行列の復習

　ベクトルの復習が終わったところで、ベクトルと関連の深い行列についても復習しておこう。以下に行列の簡単な復習をまとめておく。

行列の基本計算

数を以下のように格納したものを行列という。

$$A = \begin{pmatrix} 1 & 2 \\ 3 & 4 \end{pmatrix} \tag{5.6}$$

　このように、縦横 2 つずつ、合計 4 つの数を格納する行列を 2×2 行列という。なお、本書では行列を表す A は通常の変数 A と区別するために太字で示す。

　また、行列 B と C が

$$B = \left(\begin{array}{cc} b_1 & b_2 \\ b_3 & b_4 \end{array} \right), \qquad C = \left(\begin{array}{cc} c_1 & c_2 \\ c_3 & c_4 \end{array} \right)$$

と定義されたとき、ベクトルでも行列でもない普通の数 α と行列 B の掛け算は以下となる。

$$\alpha B = \left(\begin{array}{cc} \alpha b_1 & \alpha b_2 \\ \alpha b_3 & \alpha b_4 \end{array} \right)$$

　また、行列 B と C の足し算は

$$B + C = \left(\begin{array}{cc} b_1 + c_1 & b_2 + c_2 \\ b_3 + c_3 & b_4 + c_4 \end{array} \right) \tag{5.7}$$

と計算され、また、掛け算は以下で計算できる。

$$BC = \left(\begin{array}{cc} b_1 c_1 + b_2 c_3 & b_1 c_2 + b_2 c_4 \\ b_3 c_1 + b_4 c_3 & b_3 c_2 + b_4 c_4 \end{array} \right)$$

　ただし、行列同士の掛け算では掛ける順番が変わると、計算結果も変わり、$BC \neq CB$ となることに注意が必要である。

　また、以下で定義されるベクトル $\vec{x}$ があるとき、

$$\vec{x} = \begin{pmatrix} x \\ y \end{pmatrix}$$

行列 B とベクトル $\vec{x}$ の掛け算は以下で計算できる。

$$B\vec{x} = \begin{pmatrix} b_1 x + b_2 y \\ b_3 x + b_4 y \end{pmatrix}$$

次にベクトルと行列を組み合わせた計算の復習をしよう。今、以下の連立方程式があったとする。

$$\begin{cases} 2x + 5y = 4 \\ 3x + 2y = 1 \end{cases} \tag{5.8}$$

このとき、上式を以下のようにベクトルと行列で記述することができる。

$$\begin{pmatrix} 2 & 5 \\ 3 & 2 \end{pmatrix} \begin{pmatrix} x \\ y \end{pmatrix} = \begin{pmatrix} 4 \\ 1 \end{pmatrix}$$

ここで

$$A = \begin{pmatrix} 2 & 5 \\ 3 & 2 \end{pmatrix}, \qquad \vec{x} = \begin{pmatrix} x \\ y \end{pmatrix}, \qquad \vec{b} = \begin{pmatrix} 4 \\ 1 \end{pmatrix}$$

とおけば、これらのベクトル・行列を用いて式 (5.8) は次式で表現できる。

$$A\vec{x} = \vec{b} \tag{5.9}$$

連立方程式 (5.8) では、多くの場合、解である $x,\ y$ を求めることを目的とする。式 (5.9) では、よく知られているように行列 A の**逆行列**を用いることで、この連立方程式の解 $\vec{x}$ を求めることができる。

せっかくなので、ここで逆行列を復習しておこう。

逆行列

今、行列 A が次式で定義されていたとする。

$$A = \begin{pmatrix} a & b \\ c & d \end{pmatrix}$$

ここで、$ad - bc \neq 0$ のとき、行列 A の逆行列 A^{-1} は以下となる。

$$A^{-1} = \frac{1}{ad - bc} \begin{pmatrix} d & -b \\ -c & a \end{pmatrix} \tag{5.10}$$

なお、$ad - bc$ のことを**行列式**といい、行列の特性を示す指標の1つとなる、行列 A の行列式を $|A|$ と表記する。

また、以下で定義される単位行列 I に対し、

$$I = \begin{pmatrix} 1 & 0 \\ 0 & 1 \end{pmatrix}$$

この単位行列 I と行列 A、その逆行列 A^{-1} の間に以下の関係が成立する。

$$A^{-1}A = AA^{-1} = I \tag{5.10}'$$

　逆行列の復習が終わったところで、再び式（5.9）に注目しよう。今、行列 A の逆行列 A^{-1} が存在すると仮定する。つまり式（5.10）において $ad - bc \neq 0$ の場合である。このとき、式（5.9）の両辺に A^{-1} を左から掛けて式（5.10）$'$ を使えば、任意の $\vec{x}$ に対して $I\vec{x} = \vec{x}$ なので、

$$\vec{x} = A^{-1}\vec{b} \tag{5.11}$$

となる。ここで、

$$\vec{x} = \begin{pmatrix} x \\ y \end{pmatrix} \tag{5.12}$$

であるから、連立方程式（5.8）の解である $x,\ y$ を簡単に求めることができるのである。

　この一連の流れは高校数学で習うことであるが、実際の社会では、特にコンピュータ計算で連立方程式を計算するときに用いられる。コンピュータで式（5.11）をプログラミングすることで、連立方程式の解が一発で計算できるのである。

5.2.2 逆行列が存在しない場合とは

　連立方程式の解を求める際に、ベクトルと行列の関係を利用して、逆行列を用いることで計算できることはわかった。これまでの説明では、逆行列が存在することを前提に話を進めたが、では、逆行列が存在しない場合とはいっ

たいどのような場合であろうか？

再び、変数 (x, y) に対する以下の連立方程式を考えてみよう。

$$\begin{cases} ax + by = k_1 \\ cx + dy = k_2 \end{cases} \tag{5.13}$$

この式を2次元ベクトルと2×2行列を用いて表現すると、以下のようになる。

$$\begin{pmatrix} a & b \\ c & d \end{pmatrix} \begin{pmatrix} x \\ y \end{pmatrix} = \begin{pmatrix} k_1 \\ k_2 \end{pmatrix}$$

ここで、$a{\sim}d$, k_1, k_2は定数とし、

$$\vec{k} = \begin{pmatrix} k_1 \\ k_2 \end{pmatrix}, \quad \vec{x} = \begin{pmatrix} x \\ y \end{pmatrix}, \quad A = \begin{pmatrix} a & b \\ c & d \end{pmatrix}$$

とすれば、式 (5.13) は結果的に以下のように表記できる。

$$A\vec{x} = \vec{k} \tag{5.14}$$

今、A の逆行列 A^{-1} が存在しない場合を考えると、式 (5.10) において行列式 $|A| = 0$ のときであり、行列 A の成分が $ad - bc = 0$ のときである。このとき式 (5.10) における $\dfrac{1}{(ad-bc)}$ の分母 $(ad - bc)$ がゼロとなり、結果的に $\dfrac{1}{(ad-bc)}$ の値が無限大（もしくはマイナス無限大）になってしまう[1]。

ここで、数学的な厳密性を無視して、この状態の A^{-1} の中身のイメージを強引に記述するならば、

---

1. 簡単にいえば、$ad - bc$ がプラスの方向からゼロに近づけばプラス無限大となり、マイナスの方向からゼロに近づけばマイナス無限大となる。もしくはプラス・マイナスを繰り返しながら無限大（もしくはマイナス無限大）となる場合もある

$$A^{-1} = \begin{pmatrix} \pm\infty & \pm\infty \\ \pm\infty & \pm\infty \end{pmatrix} \tag{5.15}$$

となる。上式において $\pm\infty$ は値がプラス無限大かマイナス無限大かどちらか一方を意味する。これを用いて、式 (5.14) の解のイメージを強引に記述するならば

$$\begin{pmatrix} x \\ y \end{pmatrix} = A^{-1}\vec{k} = \begin{pmatrix} \pm\infty \\ \pm\infty \end{pmatrix} \tag{5.16}$$

となってしまう。念のため繰り返すが、式 (5.16) の表記は**あくまでもイメージであり、厳密には数学的に正しくない** [2]。いずれにしても、ここで言いたいことは、行列式がゼロの場合には、解 (x, y) の値が無限大にぶっ飛んでしまう（可能性がある）ということである。

5.2.3 連立方程式の計算と逆行列の図形的な関係

　第3章で解説したように、式 (5.8) で表現される2つの式を xy 平面上に描くと、それぞれの式によって描かれる2つの直線の交点が解となる（図5.3 (a)）。つまり、逆行列が存在する $ad - bc \neq 0$ の場合には2つの直線に交点が存在する。

　では、逆行列が存在しない場合の2つの直線はどのようになるのだろうか？今、式 (5.13) について $b \neq 0$ かつ $d \neq 0$ を仮定し、2つの式をそれぞれ b と d で割って、以下のように変形しよう。

$$\begin{cases} y = -\dfrac{a}{b}x + \dfrac{k_1}{b} \\ y = -\dfrac{c}{d}x + \dfrac{k_3}{d} \end{cases} \tag{5.17}$$

---

2. 実際には、この計算には $\infty - \infty$ の計算や $\infty \times 0$ の計算が存在する可能性があり、これらは不定形と呼ばれ、解が不明な状態である

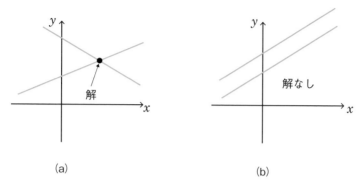

図 5.3：2 本の直線の交点

　上式より、2 つの直線の傾きがそれぞれ $-\dfrac{a}{b}$, $-\dfrac{c}{d}$ であることがわかる。ここで連立方程式をベクトル・行列で表記した式（5.10）と式（5.14）を思い出すと、連立方程式によって作られる行列 $\boldsymbol{A}$ が逆行列を持たない場合には、行列式 $ad - bc = 0$ となる。この $ad - bc = 0$ の条件は $ad = bc$ と等価であり、この両辺を bd で割ってやると

$$\frac{a}{b} = \frac{c}{d}$$

を得る。従って、$\dfrac{a}{b} = \dfrac{c}{d}$ を満たすときが逆行列を持たないときである。

　この条件を式（5.17）と比べると、2 つの直線の傾きが同じになることがわかる。つまり、逆行列を持たない場合には、図 5.3（b）のように 2 つの直線が平行となり、2 つの直線の y 切片が同じ、つまり $\dfrac{k_1}{b} = \dfrac{k_2}{d}$ でない限り交点を持たないのである。言い換えれば、式（5.16）の表記と合わせれば、平行な 2 つの直線は、**無限遠で交点が存在するとイメージする**ことも可能である。$\dfrac{k_1}{b} = \dfrac{k_2}{d}$ のとき、2 直線は一致し、解は無限にある。

5.3 最新のコンピュータグラフィックス（CG）も ベクトル・行列で表現される

5.3.1 昔に起こった次世代ゲーム機戦争

　ベクトルと行列の基本的な計算を復習したところで、次に具体的な応用例について説明していこう。まずは、テレビゲームや映画などに使用されるコンピュータグラフィックス（CG）の話題である。筆者は中学生のときにファミコンが発売されたファミコン世代である。その後、スーパーファミコンやプレイステーションなどを経験した。そして、今や4Kに対応したプレイステーション4（PS4 Pro）も発売になりプレイステーション5（PS5）の時代に突入している。

　そんなファミコン世代のオジサンにとって、家庭用テレビゲーム機の歴史の中で熱い時代の1つといえば、90年代半ばではないだろうか。この頃、家庭用ゲーム機においてポリゴンによるCG描写が可能となり、ドット絵からポリゴン絵へとCGのリアリティが飛躍的に向上した。当時はソニーのプレイステーション、セガのセガサターン、任天堂のNINTENDO64が覇権を争い「次世代ゲーム機戦争」などと呼ばれていたのである[3]。

　今や家庭用ゲーム機でさえ、映画と同様の超高画質のCG描写が可能となっているが、90年代半ばでは、映画などではリアリティの高いCGが存在したが、家庭用ゲーム機のCGはまだまだ、カクカク・ポリポリの人工物といった感じであった。このCGにおいて、重要な技術の1つがポリゴンと呼ばれるものである。今や家庭用ゲーム機のCGには当たり前に使われすぎて、今の若い世代にはポリゴンという言葉さえ知らない人も多いかもしれない。さて、このポリゴン、本章で説明しているベクトル・行列と大いに関係ある技術なのである。

5.3.2　ドット表示とポリゴン表示

　ここで簡単に、テレビゲームなどにおけるCG技術について解説しよう。テレビゲームでキャラクターなどを操作する場合、そのキャラクター表示は主に2つの方法に分けられる。それがドット表示とポリゴン表示である[4]。

　ドット表示とは、図5.4（a）のように、文字通りドット（点）を用いてキャ

3. ダークホースの3DO REALには触れないでおく
4. これ以外にも、さらにいくつかのCG手法が存在するが、これらについては省略する

ラクターを描く方法であり、ドット絵とも呼ばれる。ドット表示では、例えばキャラクターが前後左右を向く場合には、前後左右の複数のドット絵を描いて用意しなくてはならない。

　一般に、滑らかに様々な動作を表示させたい場合には、多くのドット絵を製作しておかなければならず、当然、それらのパターン以外の表示はできない。また、キャラクターを拡大縮小する場合にはドットそのものを拡大縮小することで一応は可能であるが、ドットそのものを拡大する場合には大きなモザイク状の表示となってしまうために、画質が荒くなる。

　この方法では、表示したいキャラクターの動作の数だけドットデータを作成しなくてはならないが、コンピュータの処理パワーは大きなものを必要としない。従って、90年代前半くらいまでの家庭用ゲーム機では、このドット表示が主流であった[5]。

　一方、ポリゴン表示では、図5.4（b）のように多角形を複数組み合わせることで、立体的にキャラクターを表示する[6]。この多角形のことをポリゴン（polygon）という。確かに、『ポケットモンスター』に出てくるモンスター「ポリゴン」も多角形でカクカクしている。

　ポリゴン表示の特徴といえば、なんといっても、3次元描写における回転・拡大・縮小が容易に行える点であろう。多角形の頂点の位置を数学的に計算して画面に表示することで、一度キャラクターモデルを作れば、前後左右上下のあらゆる方向からキャラクターの表示が可能となる。また、キャラクター

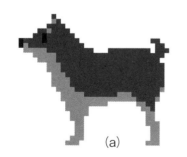 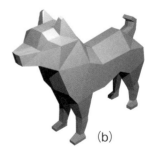

図5.4：(a) ドット表示　(b) ポリゴン表示

5. ただし、あまりにもたくさんのドットデータを作ると、メモリは消費される。90年代の家庭用ゲーム機ではメモリも制限されるために、ドットデータの使用にも制限があった
6. 便宜上、立体と書いたが、後述するように平面の表記も可能である

を拡大する場合には、単にそれぞれの多角形を拡大して表示すればよく、ドット表示のように荒い画質にはなりにくい。

このポリゴンの演算処理にはコンピュータのパワーを必要とするが、次世代ゲーム機戦争の起こった90年代半ばは、家庭用ゲーム機のコンピュータの演算パワーがポリゴン表示に追いついた時代であった。

このポリゴン表示にはベクトル・行列の数学テクニックが利用されている。ポリゴン表示のメリットはまさに3次元表示であるのだが、3次元の表示には3次元ベクトルを用いる。しかし、2次元ベクトルのほうが理解しやすいので、本書では2次元平面内でのCG表示に限定して解説していこう。

5.3.3 写像とガリバートンネル理論

ポリゴン表示の原理を説明するうえで重要なのが、ベクトルの**行列による変換**である。今、2次元ベクトル $\vec{a}$ があり、以下のように xy 平面内の点として縦ベクトルで定義されていたとする。

$$\vec{a} = \begin{pmatrix} a_x \\ a_y \end{pmatrix} \tag{5.18}$$

さらに2×2の行列 Q が以下のように定義されていたとしよう。

$$Q = \begin{pmatrix} q_1 & q_2 \\ q_3 & q_4 \end{pmatrix}$$

ここで、行列 Q によるベクトル $\vec{a}$ の変換 $Q\vec{a}$ を考え、その結果、変換後に得られるベクトルを $\vec{a}\,'$ とし、これらの関係を次式で表す。

$$\vec{a}' = \boldsymbol{Q}\vec{a}$$

$$\vec{a}' = \left(\begin{array}{c} a'_x \\ a'_y \end{array} \right) = \left(\begin{array}{c} q_1 a_x + q_2 a_y \\ q_3 a_x + q_4 a_y \end{array} \right)$$

このままだと、これまでのベクトル・行列の計算と変わりないが、今回の
ケースでは、$\vec{a}$ と $\vec{a}'$ を xy 平面内で図形的に考えてみる。具体的に $\boldsymbol{Q}$ の値
を変えて、いろいろと考えてみよう。今、行列 $\boldsymbol{Q}$ に対し、以下のような中
身を考える。

$$\boldsymbol{Q} = \left(\begin{array}{cc} 2 & 0 \\ 0 & 1 \end{array} \right)$$

このとき、変換後の $\vec{a}'$ は

$$\vec{a}' = \left(\begin{array}{c} 2a_x \\ a_y \end{array} \right)$$

となる。結果的に得られる $\vec{a}'$ は、図5.5（左下）のようになり、ベクトル
$\vec{a}$ は行列 $\boldsymbol{Q}$ によって、x 方向に2倍に伸ばされたことになる。
　また、

$$\boldsymbol{Q} = \left(\begin{array}{cc} 1 & 0 \\ 0 & \dfrac{1}{2} \end{array} \right)$$

の場合では、図5.5（右下）のように y 方向に半分に圧縮される。

　この例では「あるベクトル $\vec{a}$」について考えたが、この変換を「xy 平面

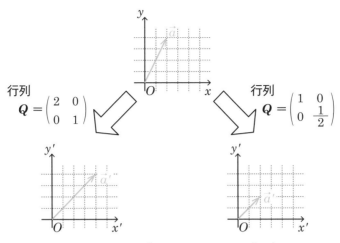

図5.5：ベクトル $\vec{a}$ の行列 $\boldsymbol{Q}$ による変換 $(\vec{a} \rightarrow \vec{a'})$

内の任意のベクトル」について拡張して考えると、行列 $\boldsymbol{Q}$ は元々の xy 平面全体を特定の方向に伸縮したりして、空間そのものを変換していると解釈することもできる。

このような行列によるベクトルの空間変換を**行列による写像**とか**線形写像**という。写像とは、「像を写す」ことを意味する。つまり、ある空間を別の空間に写すのである。これをイメージしたものが図5.6である。この図では、太陽光が図形（x 軸、y 軸とベクトル $\vec{a}$）を照らし、地面に投影している。少しわかりにくいかもしれないが、x 軸と y 軸は地面と接しておらず、空中に浮いている。この行為は元あった2次元の図形を別の2次元平面（この場合は地面）の図形に写像しているといえる。ただし、数学的な厳密性はなく、あくまでもイメージであるので注意してほしい。

そこで、もう少し数学的に写像を考えてみよう。図5.7（a）のように、xy 平面上に3つの点 a_1, a_2, a_3 があり、それぞれの座標を a_1 $(1,\ 0)$, a_2 $(-1,\ -1)$, a_3 $(-1,\ 1)$ として3点で作られる三角形を考える。原点を始点とし、各点の座標を終点とするベクトルを以下とする。

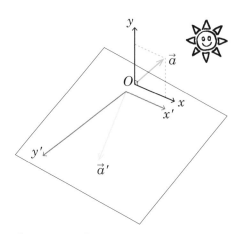

図5.6：写像のイメージ：太陽の光が図形を照らし、地面に投影している図
（x 軸と y 軸は空中に浮いている）

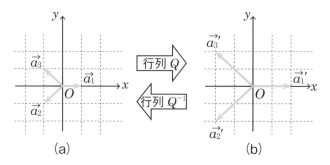

図5.7：行列による図形の拡大・縮小

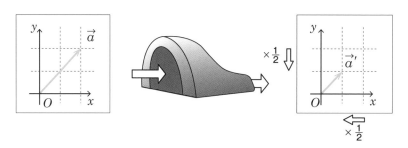

図5.8：ガリバートンネル理論によるベクトルの変換（拡大縮小）

$$\vec{a_1} = \begin{pmatrix} 1 \\ 0 \end{pmatrix}, \quad \vec{a_2} = \begin{pmatrix} -1 \\ -1 \end{pmatrix}, \quad \vec{a_3} = \begin{pmatrix} -1 \\ 1 \end{pmatrix}$$

ここで、これらのベクトルを行列 Q で写像することを考えよう。行列 Q の中身を

$$Q = \begin{pmatrix} 2 & 0 \\ 0 & 2 \end{pmatrix}$$

とし、これらの 3 つのベクトルの行列 Q による写像 $\vec{a}' = Q\vec{a}$ を考えると、図 5.7（b）のように、結果的に写像後のベクトルの表す矢印の先端は原点 O を中心に 2 倍に拡大した三角形となる。

ちなみに、この場合の逆行列 Q^{-1} を考えると、

$$Q^{-1} = \frac{1}{4} \begin{pmatrix} 2 & 0 \\ 0 & 2 \end{pmatrix} = \begin{pmatrix} \frac{1}{2} & 0 \\ 0 & \frac{1}{2} \end{pmatrix}$$

となる。従って、先ほどと逆の写像 $\vec{a} = Q^{-1}\vec{a}'$ を考えると、これは Q で 2 倍になったベクトル $\vec{a}'$ を半分に圧縮して、元に戻す変換であることがわかる。

写像によってベクトルが大きくなったり、元に戻ったりするこの変換、何かに似ている……。そう！ 『ドラえもん』のひみつ道具、ガリバートンネルである‼ ガリバートンネルとは、図 5.8 に示すように、左右に大きさの異なる穴を持つ小型のトンネルである。ドラえもんの作中では、小さいほうの穴から入って大きいほうの穴から出れば物体を大きくでき、逆に大きいほうの穴から入って小さいほうの穴から出れば物体を小さくできるのだ。

似ている……。確かに先ほどのベクトルの行列による変換と似ている……。これが、かねてから私が提唱している**ガリバートンネル理論**である。おそらく、これについては、どこの数学系の学会でも報告されていないはずである。でも、もし先に主張している人がいたら、スミマセン……。

ちなみに、この行列変換によるガリバートンネル理論は、単純にベクトルを等倍に拡大・縮小するだけでなく、x 方向と y 方向の倍率を変えることもできる。例えば x 方向に n 倍、y 方向に m 倍する場合では、行列 $\boldsymbol{Q}$ の中身を

$$\boldsymbol{Q} = \left(\begin{array}{cc} n & 0 \\ 0 & m \end{array} \right)$$

で与えればよい。この値を設定することで、アニメ『トムとジェリー』でジェリーを追いかけたトムがフライパンにぶつかったときのような、横方向に極端に収縮した変換や、縦方向に「びよ〜ん」と伸びた変換も行うことができる。

5.3.4 ベクトルの回転

これまではベクトルの拡大・縮小のみを説明したが、**回転行列**を使うことでベクトルを回転させることも可能となる。xy 平面内の任意のベクトルを、原点を中心に角度 θ だけ回転させる行列を回転行列といい、以下で定義される。ここでは回転行列を $\boldsymbol{R}(\theta)$ とする。

$$\boldsymbol{R}(\theta) = \left(\begin{array}{cc} \cos\theta & -\sin\theta \\ \sin\theta & \cos\theta \end{array} \right)$$

この回転行列によって、$\vec{a}$ を角度 θ だけ回転した結果のベクトル $\vec{a}'$ は図5.9のように

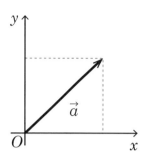
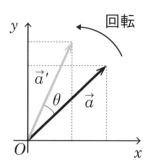

図 5.9：回転行列によるベクトルの回転

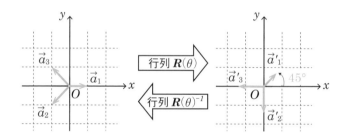

図 5.10：回転行列による図形の回転

図 5.11：拡張したガリバートンネル理論（拡大縮小に回転が加わった）

$$\vec{a}' = \boldsymbol{R}(\theta)\vec{a}$$

$$\vec{a}' = \begin{pmatrix} a'_x \\ a'_y \end{pmatrix} = \begin{pmatrix} a_x \cos\theta - a_y \sin\theta \\ a_x \sin\theta + a_y \cos\theta \end{pmatrix}$$

となる。

　例えば、先ほどと同様に3つのベクトルの先端からなる図形（三角形）を考えよう。この3点について、3つのベクトル $\vec{a_1}$, $\vec{a_2}$, $\vec{a_3}$ に対し、角度 $\theta = \dfrac{\pi}{4}$（= 45 度）の回転を考えると、

$$\boldsymbol{R}(\frac{\pi}{4}) = \frac{1}{\sqrt{2}} \begin{pmatrix} 1 & -1 \\ 1 & 1 \end{pmatrix}$$

となるので、回転後のベクトルは以下の値となる。

$$\vec{a_1} = \begin{pmatrix} \dfrac{1}{\sqrt{2}} \\ \dfrac{1}{\sqrt{2}} \end{pmatrix}, \quad \vec{a_2} = \begin{pmatrix} 0 \\ -\dfrac{2}{\sqrt{2}} \end{pmatrix}, \quad \vec{a_3} = \begin{pmatrix} -\dfrac{2}{\sqrt{2}} \\ 0 \end{pmatrix}$$

　これを図にしたものが図 5.10 であり、確かに反時計回りに点（ベクトル） $\theta = \dfrac{\pi}{4}$（= 45 度）回転しているのがわかる。この方法を使えば、ベクトルで描かれた図形を容易に回転させることができる。また、回転した後のベクトルに逆行列 $\boldsymbol{R}(\theta)^{-1}$ を掛けることで、元の図形に戻すことができる。

　先ほどの図 5.8 のガリバートンネル理論では、単に x 方向、または y 方向の伸縮しか考えていなかったが、新たにこの回転の概念を加えて拡張すれば、ガリバートンネルには、図 5.11 のように回転機能も備わっていることになる。

5.3.5 図形の平行移動

これまで、ベクトルで表現した図形の拡大縮小・回転について説明したが、図形の平行移動はもっと簡単に説明できる。例えば三角形を x 方向に 5、y 方向に 0 移動させたい場合には以下のように移動ベクトル $\vec{p}$ を定義する。

$$\vec{p} = \begin{pmatrix} 5 \\ 0 \end{pmatrix}$$

そして、次式のように、単に元々のベクトル $\vec{a_1}$, $\vec{a_2}$, $\vec{a_3}$ に足してやればよい（図 5.12）。

$$\vec{a_1}' = \vec{a_1} + \vec{p}, \quad \vec{a_2}' = \vec{a_2} + \vec{p}, \quad \vec{a_3}' = \vec{a_2} + \vec{p}$$

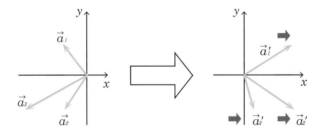

図 5.12：ベクトルで描いた図の平行移動の例

5.3.6 ベクトル・行列とポリゴン表示

これまでに説明したベクトル・行列を用いた図形の変換を利用し、点（ベクトル）を増やし、より詳細な描写を行えば、図 5.13 のように 2 次元図形の拡大縮小、回転、平行移動が容易にできる。これが現在、ゲームや映画などで用いられているポリゴン表示の基本概念である。

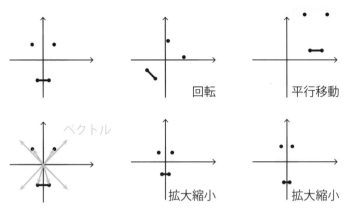

図 5.13：2 次元図形の拡大・縮小、回転、平行移動

　これを用いることで、画面内の描写対象（キャラクター）がリアルに動くのである。ここまでの例は 2 次元平面内の図形の変換であったが、3 次元情報を持つ立体的な描写には、3 次元ベクトルとそれに対応した行列を用いることで、図 5.14 のように図形を立体的に描くことができる。3 次元のベクトルとその行列の写像については、大学の理工系学部などで習う。

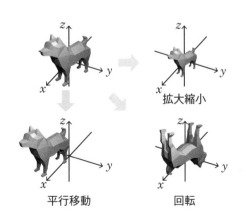

図 5.14：3 次元図形の拡大・縮小、回転、平行移動

　このようにベクトル（点）を使って図を描写することで作られる図は、多角形（ポリゴン）となる。多角形の組み合わせでできているから、ポリゴンCGはカクカクしているのである。当然であるが、多角形の頂点の数が多いほうが、より滑らかな図が描ける。単純にいえば、コンピュータにおけるベクトル・行列の計算処理が速いほど、一度に多くの点が描けて、きれいなCGとなる[7]。

　家庭用テレビゲームの世界でいえば、例えばソニー・コンピュータエンタテインメント[8]のプレイステーションシリーズが、PlayStation → PlayStation2 → PlayStation3 → PlayStation4とどんどん画面がきれいになっていくのは、このベクトル・行列の演算処理が速くなっているからである[9]。実際のCGではポリゴンだけでなく、図5.15に示すテクスチャマッピング（texture mapping）も用いてリアリティをあげている。textureとは織物の生地の風合いを意味する。mappingとは貼り付けることであり、ポリゴンの表面に細かい絵を貼り付けている。

図5.15：テクスチャマッピング

　テレビ・映画やイラスト、ゲームなど現代社会に必要不可欠なコンピュータグラフィックスは、ベクトルと行列の計算によって支えられているといっても過言ではない。

7. もちろん、実際にはポリゴン処理以外の処理も重要である
8. 2016年にソニー・インタラクティブエンタテインメントに社名変更
9. PS1で数万ポリゴン、PS2で数十万ポリゴン、PS3で数百万ポリゴン、PS4では数千万ポリゴンとも言われている（http://s.famitsu.com/news/201302/21029203.html）。また、画面がきれいになっていくのは出力の規格（ハイビジョンとか4K）とかの影響もあるが、ここでは触れないでおく

5.3.7 ガリバートンネル理論を用いた逆行列の補足説明

　話を少し戻して、逆行列の補足説明をしておこう。ポリゴンによる図形描写を理解したうえで、逆行列が存在しない状態についてもガリバートンネル理論を使って説明すると、理解が容易になる。

　先述したようにベクトルを行列で写像する場合には、本来あったベクトルが引き伸ばされたり回転したりして、新しいベクトルに変換される。ガリバートンネル理論では、図 5.8 や図 5.11 のように、ベクトル $\vec{a}$ を行列 Q のガリバートンネルに左から入力し、右側に変換後のベクトル $\vec{a}'$ が出力される。

　このとき、逆行列 Q^{-1} が存在する場合には、逆に右側からベクトル $\vec{a}'$ を入力すれば、左側出口から元のベクトル $\vec{a}$ に戻る。例えば、行列 Q が x 方向に 3 倍、y 方向に $\frac{1}{2}$ 倍に写像するものであれば、逆行列 Q^{-1} はその逆に x 方向に $\frac{1}{3}$ 倍、y 方向に 2 倍して、ベクトルを元に戻す。

　これを踏まえ、**逆行列が存在しない場合**として、以下の行列 Q を考えよう。

$$Q = \begin{pmatrix} 1 & 0 \\ 0 & 0 \end{pmatrix}$$

　この場合では明らかに行列式 $(ad - bc)$ はゼロとなり、逆行列は存在しない。この行列では元のベクトルに対し、x 方向の倍率が 1 であり、y 方向の倍率は 0 となる。今、xy 平面上の任意のベクトルを $\vec{a}$ としたとき、行列変換 $\vec{a}' = Q\vec{a}$ によって、全てのベクトルは直線 $y = 0$ の上のベクトルに変換される。これをガリバートンネル理論でイメージしたものが図 5.16（上）である。この例では、xy 平面内の 3 つのベクトル（$\vec{a}$, $\vec{b}$, $\vec{c}$）で作られた三角形が変換後には単なる線になってしまう。

　次に、この変換に対し、ガリバートンネルの逆側（右側）から単なる直線となった図形（$\vec{a}'$, $\vec{b}'$, $\vec{c}'$）を入れてガリバートンネルを通過させ、元の三角形（$\vec{a}$, $\vec{b}$, $\vec{c}$）に戻したいとする。しかし、y 方向の高さが全てゼロであるベクトルたちを高さ方向に何倍しても、元の三角形に戻ることはできない。ゼロにどんな数字を掛けてもゼロである。

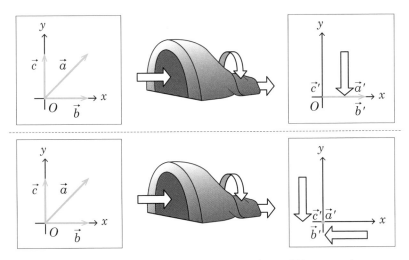

図5.16：ガリバートンネル理論による逆行列を持たない場合のイメージ

さらに極端な例として、以下のように行列の成分が全てゼロの場合はどうだろうか？

$$Q = \begin{pmatrix} 0 & 0 \\ 0 & 0 \end{pmatrix}$$

この場合では、xy 平面の 3 つのベクトル（$\vec{a}$, $\vec{b}$, $\vec{c}$）は、ガリバートンネルを左側から右側へ通過（行列変換）させると、変換後には図5.16（下）のように $x = y = 0$ の完全な点になってしまう。

次に、この変換後の点をガリバートンネルの逆側から入れて通過させ、元の xy 平面のベクトル（$\vec{a}$, $\vec{b}$, $\vec{c}$）に戻すことを考えよう。しかし、この場合では x 方向、y 方向に何倍しても、もとの図形に戻すことは不可能である。先ほどと同様にゼロに何を掛けてもゼロだからである。

このように、逆行列が存在しない状態の行列による写像は、ガリバートンネル理論を通じて考えるとイメージしやすい。

5.4 ロボットアームの運動とベクトル・行列

5.4.1 手先速度と関節角速度の関係

ベクトル・行列が実際に利用されている技術の1つとして、ロボット工学での応用を紹介しよう。これまでに第2章の三角関数を応用した順運動学の式（2.7）とそれを時間 t で微分した第4章の式（4.22）で取り扱ったロボットアームの話題をさらに拡張する。対象とするロボットアームについて、少しおさらいしておこう。このロボットアームは、第2章の図2.17に示すように、2リンクと2関節を持ち、手先位置 (x, y) と関節角度 (θ_1, θ_2) の図形的な関係は次式となる（式（2.7）と同じ式）。

$$\begin{cases} x = L_1 \cos \theta_1 + L_2 \cos(\theta_1 + \theta_2) \\ y = L_1 \sin \theta_1 + L_2 \sin(\theta_1 + \theta_2) \end{cases}$$

さらに、第4章で解説したように、上式を時間 t で微分することで手先速度と関節角速度の関係を示す次式を得る（式（4.22）と同じ式）。

$$\begin{cases} \dfrac{dx}{dt} = -L_1 \sin \theta_1 \dfrac{d\theta_1}{dt} - L_2 \sin(\theta_1 + \theta_2)\left(\dfrac{d\theta_1}{dt} + \dfrac{d\theta_2}{dt}\right) \\ \dfrac{dy}{dt} = L_1 \cos \theta_1 \dfrac{d\theta_1}{dt} + L_2 \cos(\theta_1 + \theta_2)\left(\dfrac{d\theta_1}{dt} + \dfrac{d\theta_2}{dt}\right) \end{cases} \tag{5.19}$$

本章はベクトル・行列の内容であるので、その点から式を拡張してみよう。今、ロボットアーム先端の手先速度を表す $\left(\dfrac{dx}{dt}, \dfrac{dy}{dt}\right)$ と関節の角速度を表す $\left(\dfrac{d\theta_1}{dt}, \dfrac{d\theta_2}{dt}\right)$ を縦ベクトルで表現し、その他の成分を 2×2 行列に格納すると、式（5.19）は以下のように書き直すことができる。

$$\begin{pmatrix} \dfrac{dx}{dt} \\ \dfrac{dy}{dt} \end{pmatrix} = \begin{pmatrix} -L_1 \sin\theta_1 - L_2 \sin(\theta_1 + \theta_2) & -L_2 \sin(\theta_1 + \theta_2) \\ L_1 \cos\theta_1 + L_2 \cos(\theta_1 + \theta_2) & L_2 \cos(\theta_1 + \theta_2) \end{pmatrix} \begin{pmatrix} \dfrac{d\theta_1}{dt} \\ \dfrac{d\theta_2}{dt} \end{pmatrix} \tag{5.20}$$

ここで、上式の真ん中にある 2×2 の部分は行列であり、以下のように、この行列を J と置こう。

$$J = \begin{pmatrix} -L_1 \sin\theta_1 - L_2 \sin(\theta_1 + \theta_2) & -L_2 \sin(\theta_1 + \theta_2) \\ L_1 \cos\theta_1 + L_2 \cos(\theta_1 + \theta_2) & L_2 \cos(\theta_1 + \theta_2) \end{pmatrix} \qquad (5.21)$$

行列 J は関節角度 (θ_1, θ_2) の関数であり、$J(\theta_1, \theta_2)$ と表記したほうがより正確ではあるが、表記が少し複雑になるので、シンプルに J と表記することにする。ただし、後の解説に必要となるので**ロボットアームの関節角度 (θ_1, θ_2) が変化すると、行列 J が変化すること**は覚えておいていただきたい。

これまで、各変数の時間 t による微分を、いちいち "$\dfrac{d}{dt}$" を用いて $\dfrac{dx}{dt}$ や $\dfrac{d\theta_1}{dt}$ などと表記してきた。この表記では確かに「何を何で微分するのか」を理解するのには非常にわかりやすかったが、スペースの関係などでもう少し省略した表記にしよう。

以下では、例えば変数 x に対し、時間 t で微分したものを変数の上にドット「・」を用いて $\dot{x}$ で表記する。つまり変数 x, y, θ_1, θ_2 に対して時間 t での微分を以下のように表記する [10]。

$$\dot{x} = \frac{dx}{dt}, \quad \dot{y} = \frac{dy}{dt}, \quad \dot{\theta}_1 = \frac{d\theta_1}{dt}, \quad \dot{\theta}_2 = \frac{d\theta_2}{dt} \qquad (5.22)$$

当然ではあるが、その他の変数にも同じように適用する。

ただし、変数 x を用いて表現される関数 $y = f(x)$ に対し、その導関数、つまり関数 y を変数 x で微分した $\dfrac{dy}{dx}$ を高校数学ではダッシュ「′」を用いて y' で表すが、$\dot{y}$ は時間 t で微分したものであり、両者は意味が異なることに注意が必要である。

上で説明した表記法を用いて、さらにロボットアームの手先速度と関節角速度を表すベクトルを以下のようにおくと、

---

10. 変数を時間 t で微分した際のこの表記法を大学では多用する

$$\vec{\dot{x}} = \begin{pmatrix} \dot{x} \\ \dot{y} \end{pmatrix}, \qquad \vec{\dot{\theta}} = \begin{pmatrix} \dot{\theta}_1 \\ \dot{\theta}_2 \end{pmatrix}$$

結局、式（5.20）は以下のように書き直すことができる。

$$\vec{\dot{x}} = \boldsymbol{J}\vec{\dot{\theta}} \tag{5.23}$$

式（5.20）もしくはその省略形の式（5.23）は、ロボットアームの手先速度と関節角速度の関係を数学的に表現している。もう少し厳密にいえば、関節角度 (θ_1, θ_2) の値がわかったときに得られる行列 $\boldsymbol{J}(\theta_1, \theta_2)$ に関節角速度を表すベクトル $\vec{\dot{\theta}}$ を掛けることで、そのときの手先速度を表すベクトルである $\vec{\dot{x}}$ を計算できるのである。

しかし、このままでは第4章で説明したものと大差ない。速度の関係式を単にベクトル・行列を用いて書き直しただけである。でも、ここからがベクトル・行列の本領発揮である。今、行列 $\boldsymbol{J}$ の逆行列 $\boldsymbol{J}^{-1}$ が存在すると仮定して、式（5.23）の両辺に左側から逆行列 $\boldsymbol{J}^{-1}$ を掛けると、

$$\vec{\dot{\theta}} = \boldsymbol{J}^{-1}\vec{\dot{x}} \tag{5.24}$$

を得られる。式（5.23）〜（5.24）の関係をガリバートンネル理論によって表現したものが、図5.17である。

式 (5.23) と式 (5.24) は数学的には表裏一体の同じ意味を持つ式ではあるが、ロボット工学の視点では、それぞれの式が持つ意味が少し異なる。式 (5.23) は、**右辺にロボットアームの関節の角速度を入力した際に、左辺の手先速度を求める式**である。つまり、運動中のロボットアームの関節の角速度をセンサで計測し、その値を代入することで、そのときのロボットアーム手先の速度を求めることが可能となる。実際にロボットをコントロールしたとき、そ

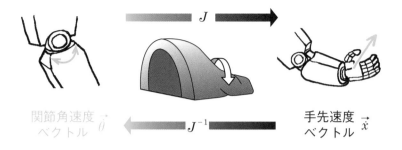

図5.17：ガリバートンネル理論によるロボットの手先速度と関節角速度の関係

のときに生じた関節角度から、その結果として手先がどのような速度を持つのかを知ることができる。

　一方、その逆関係を示す式（5.24）は、**右辺の手先速度を入力した際に、結果として、左辺の関節の角速度を求める式である**。この式がロボットアームのコントロールにどのように使われているのかというと、例えばコントロールしたいロボットアームの手先に対し、時刻 t で表現される、ある目標の運動 $(x_d(t)$, $y_d(t))$ があったとする。この目標の手先運動とは、例えば手先を半径 r で円運動させたい場合は、$x_d = r\cos\omega t + a$, $y_d = r\sin\omega t + b$（ω, a, b は定数）などと表される。その目標運動に対し、時間 t で微分するなどして**目標の手先速度ベクトル $\vec{x}$ がわかっていたとする**。このとき、この手先速度のデータを式（5.24）に代入することで、その運動に必要な関節角速度を知ることができる。そこで関節角に搭載されたモータをコントロールして、この関節角速度を実現することで、結果的に目標の手先速度の運動を実現することができるのである。

　式（5.23）から逆の式（5.24）への変形は、ベクトルと行列の概念を使えば、逆行列を使って一発で計算できるが、これらの概念を用いない式（5.19）からではなかなか思いつかないものである。

5.4.2　ロボットの特異姿勢

　上記の解説では、式（5.23）から式（5.24）へ変形させる際に、行列 J の逆行列 J^{-1} が存在すると仮定していた。しかし、実際は必ずしも逆行列が存在するわけではない。では、J の逆行列が存在しない場合とはロボットアームがどのような場合であろうか？

　式（5.21）の J の定義をもとに、$ad - bc$ に相当する部分、つまり行列式 $|J|$ を計算してみよう。式（5.10）と照らし合わせて考えると、$|J|$ は以下のように計算できる。

$$
\begin{aligned}
|J| &= (-L_1 \sin\theta_1 - L_2 \sin(\theta_1 + \theta_2))(L_2 \cos(\theta_1 + \theta_2)) \\
&\quad - (-L_2 \sin(\theta_1 + \theta_2))(L_1 \cos\theta_1 + L_2 \cos(\theta_1 + \theta_2)) \\
&= -L_1 L_2 \left(\sin\theta_1 \cos(\theta_1 + \theta_2) - \cos\theta_1 \sin(\theta_1 + \theta_2) \right) \quad (5.25)
\end{aligned}
$$

さらに三角関数の加法定理である、

$$
\begin{cases}
\sin(\theta_1 + \theta_2) = \sin\theta_1 \cos\theta_2 + \cos\theta_1 \sin\theta_2 \\
\cos(\theta_1 + \theta_2) = \cos\theta_1 \cos\theta_2 - \sin\theta_1 \sin\theta_2
\end{cases}
$$

を式（5.25）に代入して計算を続けると、

$$
\begin{aligned}
|J| &= -L_1 L_2 \left(\sin\theta_1 \cos(\theta_1 + \theta_2) - \cos\theta_1 \sin(\theta_1 + \theta_2) \right) \\
&= L_1 L_2 \sin\theta_2 (\sin^2\theta_1 + \cos^2\theta_1) \\
&= L_1 L_2 \sin\theta_2 \quad (5.26)
\end{aligned}
$$

となる。ここで L_1 と L_2 はロボットアームのリンク長さであり、定数である。従って、式（5.23）の行列 J の逆行列が存在しないときの条件、つまり $|J| = 0$ の条件は以下となる。

> ### J^{-1} が存在しないときの条件
>
> 　式（5.21）で表される行列 J が逆行列を持たないときは、ロボットアームの第 2 関節の角度 θ_2 が $\sin \theta_2 = 0$ のとき、つまり $\theta_2 = 0$ か、もしくは $\theta_2 = \pi$ [rad] のいずれかであり、第 1 関節 θ_1 の角度には依存しない。（$0 \leqq \theta_1 < 2\pi, 0 \leqq \theta_2 < 2\pi$ のとき）

　ロボットアームにおける、この状態を図示したものが図 5.18（a）である。行列 J が逆行列を持たない条件は、第 2 関節を完全に伸ばした状態、もしくは完全に折りたたんだ状態となる。

　ここで逆行列が存在しない場合の解についての説明である式（5.15）と（5.16）を思い出してみよう。ロボットアームがこの状態のときには、逆行列 J^{-1} の中身の成分がすべて無限大（もしくはマイナス無限大）になってしまい、結果的に式（5.24）より計算される関節角速度 $\vec{\theta}$ の値のイメージは以下のように $\pm\infty$ となってしまう（可能性がある）。

$$
\vec{\theta} = J^{-1}\vec{x} = \begin{pmatrix} \pm\infty \\ \pm\infty \end{pmatrix}
$$

　ただし、くどいようだが上式はあくまでもイメージである [11]。従って、図 5.18 に示す行列 J の行列式 $|J| = 0$ となる関節角度の場合、手先速度 $\vec{x}$ を発生するのに必要な関節角速度 $\vec{\theta}$ は、理論上、無限大（もしくはマイナス無限大）となってしまう可能性がある。

　少し感覚論になってしまうが、確かに図 5.18（b）を見てみると、第 2 関節（この場合では肘関節）が完全に伸びきった状態では、ロボットアームに任意の手先速度を発生させるには、無限大の関節角速度が必要な感じはする。ロボット工学においてこのようにアームが特別な状態の姿勢のことを**特異姿勢**（特

11. 数学的には不定形である

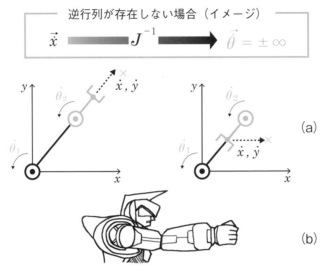

図 5.18：ロボットアームの特異姿勢（特異点）

異点）という。

　式（5.24）では、関節角が特異姿勢ピッタリの角度、つまり $\theta_2 = 0$ のとき と $\theta_2 = \pi$ のときでは、関節角速度が無限大となってしまう（可能性がある） が、その近傍（$\theta_2 = 0$ と $\theta_2 = \pi$ の近くの値）においても、分母にある行列 式の値（$ad - bc$）がゼロに近くなっているため、逆行列 J^{-1} の計算はでき るものの、逆行列の成分の絶対値が非常に大きくなり、計算される $\vec{\theta}$ の絶 対値が非常に大きくなってしまう。

　その結果、この特異姿勢の状態に近づいたとき、任意の手先速度を発生さ せるのに必要な関節角速度が非常に大きくなる。しかし、ロボットアームに 搭載されたモータが発生する回転力 [12] には限界があるため、式（5.24）によっ て算出された関節の角速度は必ずしも実現されるわけではない。ものすごく 簡単にいえば、**特異姿勢の付近では、ロボットアームの手先は動作がしづら いのである。**従って、ロボットアームを動かす際には、特異姿勢の近くの動 作を避けるほうが望ましいといわれている。

---

12. 厳密には回転トルク

5.4.3 特異姿勢からわかる人間の動作（人間工学への応用）

　ロボットアームの特異姿勢の概念を、人間の運動に拡張して考えてみよう。人間の動作といっても様々なものがあるので、ここでは例としてボクシングの運動を考えてみよう。ご存じのようにボクシングは二人で殴り合うスポーツである。相手の動きに対応して、脚を使ったフットワークで攻撃を避けたり、間合いを詰め、また、腕の動きで相手を殴ったり、防御したりする。

　このとき、熟練したボクサーと素人ボクサーの構えの違いをイメージしたのが図5.19である。少し極端なイメージ図ではあるが勘弁してもらいたい。図5.19（a）熟練ボクサーの構えでは、肘と膝の関節がほどほどに曲がり、腕や脚の状態が特異姿勢（完全に伸びきっているか折りたたまれている）から大きく異なる状態であることがわかるだろう。このように適度に関節を曲げて構えることで、手先や足先の動作に必要な関節角速度をできるだけ小さくして、動きやすい姿勢をとっていると考えることができる。

　一方、素人ボクサーの構えをイメージを示したのが図5.19（b）である。肘と膝の関節が伸びた状態で、腕や脚の状態が前述したロボットアームの特異姿勢に近い。この姿勢では、手先や足先の運動を発生させるのに必要な関節角速度が大きく、動きにくいため、相手の攻撃に対し、とっさの対応をしにくい。

　この熟練者と素人との姿勢の違いは、何もボクシングだけでなく、一般のスポーツや職人の作業動作などにも見られる。熟練したスポーツ選手や職人

(a)　　　　　　　　　　　　(b)

図5.19：ボクシングの図 （a）熟練ボクサーの構えと （b）素人の構え

などは、無意識のうちに特異姿勢を避け、動きやすい姿勢をしていると思われる[13]。このような人間の動作を解析する分野は人間工学の一部であり、この話題はベクトルと行列の解析が人間工学に用いられている例ともいえる。

　ちなみに、特異点という言葉は何もロボットの場合だけに用いられる特別な言葉ではない。特異点の厳密な定義はそれぞれの専門分野によって異なるが、一般にいえば、数学や物理などで分母がゼロになってしまい、値が無限大（もしくはマイナス無限大）になってしまう特別な状態に用いられる。例えば、高校物理で習う「万有引力の公式」では、距離 r だけ離れた質量 m_1 と m_2 の 2 つの物体に働く引力 F は

$$F = G\frac{m_1 m_2}{r^2} \tag{5.27}$$

で与えられる（図 5.20）。ここで、G は万有引力定数とする。この場合にも距離が完全に $r = 0$ となる状態では F が無限大となり、特異点となる。

　似たような話では、ブラックホールにおける完全な中心位置での状態や、宇宙創成における宇宙ができあがったその瞬間（時間が完全にゼロの状態）も、数式が計算できず、特異点となるケースである[14]。

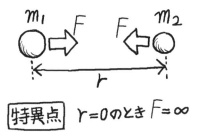

図 5.20：特異点の例（万有引力の公式）

13. ただし、厳密には人間は関節周りに付着した筋肉によって動作するので、詳細の解析には、この影響も考慮する必要がある
14. いずれの例も、特異点からほんの少しでもいいからズレれば、一応は計算できる

第 II 部

応用編

第6章

最小二乗近似と SLAM・お掃除ロボ

第Ⅰ部では、因数分解、三角関数、連立方程式、微分・積分、ベクトル・行列と各章を数学のトピックに分けて解説を進めてきた。第6章以降は第Ⅱ部として、それぞれのトピックに分類が難しい横断的なテーマや、第Ⅰ部の内容を踏まえたうえでの難易度の高い応用的なテーマについて解説しよう。

本章では、最小二乗近似とそれに関連した SLAM について解説しよう。この SLAM という技術は近年ではお掃除ロボットなどの移動ロボットや自動運転の自動車などに実装されている技術である。これは、多少高度な数学を必要とするが、本書では高校数学レベルに落とし込んで解説していく。

6.1 理想的な近似とは

6.1.1 理論と実際の隔たり

少し唐突ではあるが、バネとおもりの話をしよう。今、図6.1のようにバネがあり、そのバネにおもりを加えていったとする。その際、おもりが振動しないようにゆっくりおもりを加える。

このとき、バネの伸びとおもりの重さの関係は、中学の理科では「比例関係がある」と習う[1]。つまり、次式のような関係式が成立すると習うのである。

［おもりの重さ］＝［バネ定数］×［バネの伸び］

この式をフックの法則と言った。今おもりの重さを x [kg 重] とし、そのときのバネの伸びを y[m] としよう。このとき、x と y の関係は上式の両片を［バネ定数］で割って、左片と右辺を入れ替えると、以下の式で表現できる。

$$y = kx \tag{6.1}$$

ただし、式（6.1）では、k はバネ定数の逆数となることに注意してほしい。

しかしながら、この比例関係はあくまでも理想的な関係である。実際に精度の高い計測装置で計測すると、図6.2（a）のように x と y の関係にはバラツキが生じ、必ずしも完全な比例関係にはない。正直なところ、図6.2（a）は説明をわかりやすくするために少し誇張している。しかし、実際にやってみればわかるが、理科で習ったような理想的な式とは多かれ少なかれ、このような差が生じる。

しかし、この実測値の全ての点を直線で結ぶ図6.2（b）を数式で表すと非常に複雑になるので、点線のように1つの直線を用いて比例で近似するのである。このように比例近似すれば、簡単な式で物事の現象が表現できるからである。

---

1. 重さとは物体に働く重力の大きさをいう。質量そのものではなく、力を意味するため、単位は［N］や［kg重］（［kgf］）である

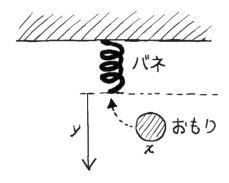

図6.1：バネの伸びを計測してみる

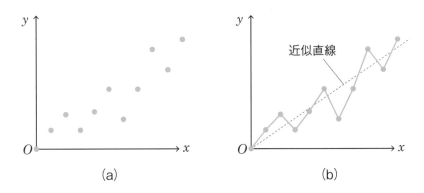

図6.2：実際におもりを加えたときのバネの伸びを計測したもの（イメージ）

　では、このように比例で近似するとして、例えば今回の場合には**比例定数**
k の値はいくつにしたらよいだろうか？　中学や高校までなら、何となく感
覚的に「えいや〜」と直線を引いて、そのときの傾きの値を *k* と決めれば
よいが、このようなやり方では、人によって *k* の値が異なってしまう。
　例えば図6.3（a）は、A さん、B さん、C さんがそれぞれ感覚的に直線を

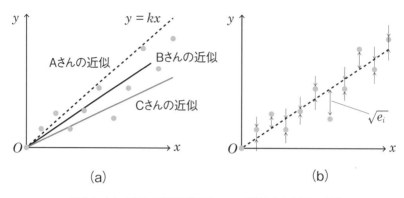

図6.3：(a) 人による近似直線の違い　(b) 近似直線と真値との誤差

引いた場合の例である。同じバネなのに k の値が異なるために、x が増加すればするほど、y の値の差が大きくなっていくのがわかるだろう。

このように感覚的に近似してしまうと、当然、理論式と実際の値との間に大きな差が生じてしまう。そこで、伸びと重さの関係を高い精度で比例近似し、最も適切な比例定数の k の値を決定したい場合には、**何か理論的な裏付けが必要**となる。実社会の例としては、例えばハイテク機器の各種センサの値を近似する場合には、精度の高い近似が必要となる。

そこで、図6.3 (b) のように、ある比例定数 k を与えた場合に、その直線で示される値と実際の計測値との差を考える。この差のことを本書では誤差と呼ぶ[2]。話を簡単にするために、重さ x を 0.1[kg 重] ずつ増やし、1.0[kg 重] まで 10 回の計測を行ったとしよう。そして、そのときの重さ x の値を x_i ($i = 1,\ \ldots,\ 10$) とし、それに対応した伸び y の計測値を y_i とする ($x = 0$ のとき、$y = 0$ とする)。

今、i 番目の計測における誤差を $\sqrt{e_i}$ とすると、$\sqrt{e_i}$ は次式で与えられる。

$$\sqrt{e_i} = \sqrt{(y_i - kx_i)^2} \tag{6.2}$$

2. 厳密には推定式と計測値の差のことを「残差」、真値と計測値との差のことを「誤差」と言って区別する。ただし本書では、想定される読者を考慮して、両者を区別することなく「誤差」と呼んでいる。従って、より厳密性を必要とする場合には注意が必要である

　ここで、y_i が実際の重さの計測値であり、kx_i は比例関係を仮定した場合に計算で求めた重さの値である。従って、この2つが完全に一致すれば誤差 $\sqrt{e_i}$ はゼロになる。

　なぜ式 (6.2) の右辺が単に y_i と kx_i の差 $(y_i - kx_i)$ ではなく、2乗にして、さらにルートをとっているかというと、$(y_i - kx_i)$ のままだと、y_i と kx_i の大小によって差 $(y_i - kx_i)$ にプラスとマイナスが存在して、ややこしくなるからである。要は絶対値をとって大きさだけを見たいので、2乗して常にプラスにしてから元の大きさにするためにルートをとっている。

　さて、このグラフを比例近似する際に、計測データ y_i に対し、**全体的に最も誤差の少ない比例定数 k を求める方法**を考えてみよう。ここでポイントとなるのが「全体的に」という言葉である。つまり、今回は計測データは $i = 1,\ \ldots,\ 10$ の 10 個であるので、その 10 個のデータに対し、誤差 $\sqrt{e_i}$ の和を考える。この 10 個分の誤差 $\sqrt{e_i}$ の和をできるだけ小さくしたい。

　そこで誤差 $\sqrt{e_i}$ の値の大小を評価するのだが、この計算はルートが入っているので、少し計算がややこしい。いっそのこと、このルートの中身 $e_i = (y_i - kx_i)^2$ の大小を直接的に評価したほうが手っ取り早い。そこで、計測点の誤差を全体的に評価するものとして、以下のように誤差の2乗（つまり e_i）の総和 E を考えよう。

$$E = (y_1 - kx_1)^2 + (y_2 - kx_2)^2 + \cdots + (y_{10} - kx_{10})^2 = \sum_{i=1}^{10} (y_i - kx_i)^2 \quad (6.3)$$

　ここで上式の Σ（シグマ）は数列の和を意味する。例えば数列の和 $a_1 + a_2 + \cdots + a_n$ があったとき、

$$\sum_{i=1}^{n} a_i = a_1 + a_2 + \cdots + a_n$$

となる。先述したように、ここでの目的は「全体的に最も誤差の少ない比例定数 k を求めること」なのであるが、これを数学的に考えれば、式 (6.3)

表6.1：おもりの重さとバネの伸びの実測値の例

i	重さ（x_i）[kg 重]	計測した伸び（y_i）[m]
1	0.1	0.6
2	0.2	1.0
3	0.3	1.7
4	0.4	1.9
5	0.5	2.6
6	0.6	3.2
7	0.7	3.5
8	0.8	3.8
9	0.9	4.4
10	1.0	5.1

における E を最小にする k を求めることと同じとなる。

　式（6.3）において、x_i は実際のおもりの重さであり、y_i はそのとき計測した実際のバネの伸びであるから、これらは具体的な数値を持っている。今、仮にこれらが表6.1 の値だったとする。そこで、これらの値を式（6.3）に代入すると次式となる。

$$E = (0.6 - 0.1k)^2 + (1.0 - 0.2k)^2 + \cdots + (4.4 - 0.9k)^2 + (5.1 - k)^2$$
$$= (0.36 - 0.12k + 0.01k^2) + (1.0 - 0.4k + 0.04k^2) +$$
$$\cdots + (19.36 - 7.92k + 0.81k^2) + (26.01 - 10.2k + k^2)$$
$$= 3.85k^2 - 38.6k + 96.92 \tag{6.4}$$

　つまり、この問題を数学的にとらえれば、上式（6.4）の関数 $E(k)$ を最小化する k の値を見つけることである。このような問題を**最小化問題**という。この最小化問題は第7章に後述する人工知能とも関係する。

　さて、式（6.4）のグラフを書くと、よく知られている二次関数となり、図6.4

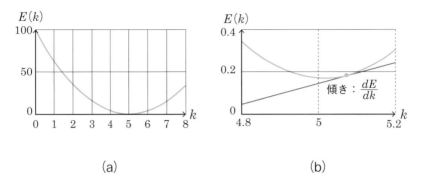

図 6.4：k の変化に対する E の変化（(b) は (a) を拡大したもの）

となる。ただし、変数が k である点に注意が必要である。この図より、ざっくり言えば $k = 5$ あたりで $E(k)$ が最小値をとりそうなことは何となくわかる。しかし、「ざっくり $k = 5$ 付近」でなく、もっと正確な k の値が知りたいときにはどうすればよいだろうか？

　ここで、高校数学で習う微分が登場する。第 4 章で解説したように、関数 $E(k)$ を k で微分し、$\dfrac{dE}{dk}$ を求めることで、傾きを求めることができる。ここで関数 $E(k)$ が最小値（厳密には極小値）をとる k では図 6.4 のように傾きがゼロとなる。つまり傾き $\dfrac{dE}{dk} = 0$ のところで E は最小となる [3]。従って、最小値を求めたいときは、わざわざ $E(k)$ のグラフを描かなくても、式 (6.4) を k で微分して、傾きがゼロのときの k を求めてやればよい。

　傾き $\dfrac{dE}{dk}$ の計算を行う場合には、式 (6.4) の $E(k) = 3.85k^2 - 38.6k + 96.92$ のように、$E(k)$ を真面目に計算してから、この式を k で微分すれば求まる。しかし、今回の場合には $E(k)$ を求めるのに $(y_i - kx_i)^2$ の展開計算を 10 回もしなくてはならないので、少し面倒である。

　そこで、式 (6.3) において x_i と y_i は定数であり、k が変数であることに注目し合成関数の微分公式を使えば $\dfrac{d(y_i - kx_i)^2}{dk} = -2x_i(y_i - kx_i)$ の関係を用いて、式 (6.3) の段階で $E(k)$ を k で微分することができ、

---

3. もちろん、2 次関数が下に凸の場合には最小値となり、上に凸の場合は最大値となる。また、複雑な関数の場合には、極小値が複数ある場合も存在する。これらについては省略する

$$\frac{dE(k)}{dk} = -2\{x_1(y_1 - kx_1) + \cdots + x_{10}(y_{10} - kx_{10})\} = -2\sum_{i=1}^{10} x_i(y_i - kx_i)$$

となる。そもそも2乗の展開計算 $(y_i - kx_i)^2$ をしなくても非常に簡単な計算となる。ただし、再度繰り返すが、注意しなくてはいけないことは上式では y_i と x_i には具体的な数値が入り、あくまでも変数は k という点である。

結局、上式より $\frac{dE}{dk} = 0$ のとき

$$\sum_{i=1}^{10} x_i(y_i - kx_i) = \sum_{i=1}^{10} x_i y_i - \sum_{i=1}^{10} x_i^2 k = \sum_{i=1}^{10} x_i y_i - k\sum_{i=1}^{10} x_i^2 = 0 \qquad (6.5)$$

より、k は以下となる。

$$k = \frac{\displaystyle\sum_{i=1}^{10} x_i y_i}{\displaystyle\sum_{i=1}^{10} x_i^2} \qquad (6.6)$$

従って、計測データの (x_i, y_i) を上式に代入することで、誤差を最小とする k の値を簡単に求められるのである。表 6.1 の計測データを実際に代入してみると

$$k = \frac{0.1 \times 0.6 + \cdots + 1.0 \times 5.1}{0.1^2 + \cdots + 1.0^2} = \frac{19.3}{3.85} \fallingdotseq 5.01 \qquad (6.7)$$

となり、誤差を最小にする比例定数 k の値は $k = 5.01$ であることを求めることができた（図 6.4(b)参照）。

　上記の例ではy切片を考えずに$y = kx$で近似したが、この方法を拡張することで図6.5（a）のように$y = kx + b$で近似する場合にも、近似誤差を最小にするkとbを求めることができる。

　この場合では、kとbの変化に対する誤差の2乗和$E(k, b)$は、図6.5（b）のように立体的に表現される（ただし、あくまでもイメージである）。先ほどの例と同様に$E(k, b)$が極小値をとるようなkとbの値を求めることで誤差を最小とするkとbの値を求めることができる[4]。

　これまで説明したように、与えられた変数の値に対して、誤差の2乗和を最小にして、ある関数で近似する方法を**最小二乗法**とか**最小二乗近似**という。

　さらに、この最小二乗近似は単に直線による近似だけでなく、複雑な関数にも用いることができる。例えば、図6.6（a）のような$y = ax^2$の場合であれば、計測点をn個（$i = 1, ..., n$）とすると係数aの変化に対する誤差の2乗和$E(a)$は

$$E(a) = \sum_{i=1}^{n}(y_i - ax_i^2)^2 \tag{6.8}$$

となる。これを図示したものが図6.6（b）である。従って、その傾きは

$$\frac{dE(a)}{da} = -2\sum_{i=1}^{n} x_i^2(y_i - ax_i^2) \tag{6.9}$$

より、$\frac{dE(a)}{da} = 0$を満たすaを計算することで、誤差を最小にする近似曲線を得ることができる[5]。ただし、式（6.8）はy_iとx_iは定数であり、式（6.9）は$E(a)$をaで微分していることに注意が必要である。

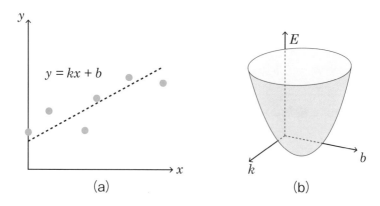

図6.5：(a) $y = kx + b$ で近似する場合 (b) k と b の2変数の変化に対する誤差の2乗和 E の変化（イメージ）

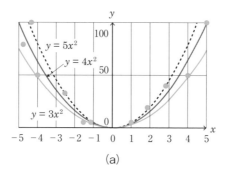

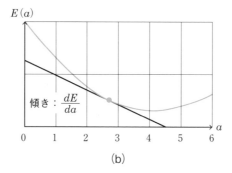

図 6.6：(a) 二次関数による近似　(b) 変数 a の変化に対する誤差の2乗和 E の変化

6.1.2 最小二乗近似が使われている例

このような最小二乗近似は、今日の科学技術の中で最も利用されているテクニックの1つである。あまりにも多くの場所で使われているので、例を挙げるとキリがないが、最小二乗近似の例として、センサのキャリブレーション（校正）を解説しよう。

本書にもいくつかのセンサが登場するが、センサとは温度や距離、角度、速度などの量（物理量）を測定する装置である。例えば力を計測するセンサを力センサといい、距離を測定するセンサを距離センサなどという。このようなセンサは、現在のハイテク技術の根幹となる重要な要素の1つである。

一般に多くのセンサは、商品として複数生産される。その際、生産の過程で性能にバラツキが生じることがある。例えば力センサを作った場合、理論式に基づく理論値に対し、センサが出力する計測値は個々のセンサで微妙に値が異なる。

そこで、一般に製作したセンサでは製品として出荷する前に、実際に計測を行い、理論値と計測値の比較を行う。先述したように、この2つは完全には一致しない。

もちろん、できるだけこのような誤差を最小にするために様々な工夫をしているが、それは誤差の値が大きいか小さいかだけで、**誤差をゼロにすることは技術的に絶対に不可能**である。

そこで、計測値から最小二乗近似を用いて、近似式の係数を求めるのである。このような行為は一般に多くのセンサで行われており、これをキャリブレーション（校正）という。このように、工学分野では、実際にはゼロにはならない誤差をいかに少なくするかという点が大事な要素の1つである。

6.2 お掃除ロボットの話（自己位置同定）

6.2.1 昔のお掃除ロボットの問題点

これまでの話のように、想定される値と計測される値との誤差を最小にするように近似式を求める技術は様々なところで利用されているが、これをさらに拡張した話題に入ろう。

現在、ロボットは様々なところで実用化されており、一般家庭用の商品と

して手頃な価格で購入できるものも存在する。その1つがお掃除ロボットである。2000年代初頭、iRobot社が実用的なお掃除ロボット「ルンバ」を発売して以降、複数の会社がお掃除ロボット業界に参入しており、競争原理により年々性能が向上している。お掃除ロボットの性能のポイントとなるのが、**いかに効率よく部屋の掃除を行うか**である。掃除対象の部屋は必ずしも整理整頓されているとは限らず、本や椅子などが毎回違う位置に置かれたり、さらに掃除中の部屋に人間やペットが存在するかもしれない。

　そこで、昔からこのようなお掃除ロボットには最低限、距離センサなどを搭載して、人間や椅子などの障害物を回避するように設計していた。しかし、これはあくまでも障害物回避が目的であり、効率的な掃除とは別の問題ではある。

　昔のお掃除ロボットの掃除方法の1つに「壁や障害物に当たったらランダムに方向を変える」という方法があった[6]。この方式では図6.7（a）のように、ほどほどに部屋の掃除は可能であるが、「掃除できているところ」と「掃除できていないところ」が存在する。もちろん、時間をかければこのようなムラは少なくなるが、一般にお掃除ロボットの駆動には充電式のバッテリを用いるので、駆動時間は限られている。

　そこで、図6.7（b）のように効率的な掃除を行う上でポイントとなるのは、

① 掃除を行う部屋の構造がわかる**地図データを持つこと**
② さらに、**地図データ上での自分の位置がリアルタイムにわかること**

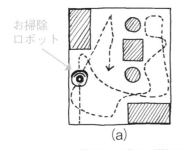
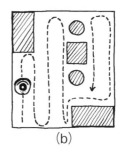

お掃除
ロボット

(a)　　　　　　　　　　　(b)

図6.7：(a) 昔のお掃除ロボットの軌跡と (b) 効率のよい掃除の軌跡

6. もちろん，その他の方法も用いられていた

である。この2つがわかれば、今、ロボットがいる位置と、これまでに動いた（掃除した）コースがわかるため、効率よく掃除を行うことが可能となるばかりでなく、仮にバッテリ切れになりそうなときには、室内にバッテリが充電できる充電ステーションがあれば、掃除を一時中断し、そこまで戻って充電した後に再度、掃除を再開すればよい。

6.2.2　地図を持つ場合のお掃除ロボット

前記したポイントを踏まえ、「部屋の地図をお掃除ロボットがデータとして持つ場合」を考えよう。この場合では、図 6.8 のように、最初からロボットに掃除を行う部屋の地図データが与えられる。

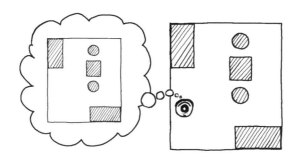

図 6.8：お掃除ロボットに地図データが与えられた場合

掃除は自宅や会社の部屋を対象としているので、グーグルマップなどのインターネットに公開されているようなデータは使えない。しかし、それでもパソコンなどを使って、手作業で一度データを作ってしまえば、引っ越しやタンスの移動などの大きな模様替えでもない限りはそのデータを使い続けることができる。

実際には、服や雑誌が部屋に出しっぱなしになっていたり、椅子の移動などが行われている場合もあり、そのような場合には、この地図には反映されない。しかし、まずは理想論として、そのようなイレギュラーな状態はなく、

地図データどおりの部屋が完全に再現されていたとしよう。

　さて、ロボットに正確な地図が与えられたとして、次の問題は掃除中のロボットがリアルタイムに地図上の自分の位置情報を知ることである。ロボットが自分の位置を知る方法としては、

(1) GPS による計測
(2) カメラ画像による計測
(3) タイヤの回転角による計測

などの方法がある。(1) の GPS を使う方法は一見簡単そうだが、屋内では人工衛星からの信号を受信するのが困難な場合が多く、位置計測が難しい。また、通常の GPS では部屋の掃除で必要とされる数センチレベルの位置精度を計測するのは難しい。

　そこで (2) の方法として、部屋の天井にカメラなどを設定し、カメラの撮影データから現在のロボットの位置を知る方法がある。しかし、朝・昼・夜の光度の違いによる計測の困難さや、別途カメラを設置することによるコストの増加、ロボットが人間や障害物に隠れた場合に測定不能になるなどの欠点がある。

　(3) の方法として、移動ロボットのタイヤの回転角から移動距離を計算する方法がある。例えば、タイヤが 1 周動けば、タイヤの半径を r とすると円周は $2\pi r$ であるから、タイヤの回転角度から移動距離が計算できる。これは第 4 章のトンネル内のカーナビ補正と同様の方法である。この方法ならば初期位置さえわかっていれば、そこからの移動距離がわかるためリアルタイムの位置計測が可能なような気がする。しかし、この方法ではタイヤのスリップなどによる空回りが生じると、ドンドン誤差が蓄積してしまい、精度の高い位置計測ができない。

　これらを踏まえ、いよいよ、先ほど解説した**最小化問題**が再度登場する。議論を簡単にするため、事前に地図データとして、図 6.9 のように部屋の地図がロボットに与えられており、その地図は部屋の情報を正確に再現しているとする。対象とするお掃除ロボットには、複数の**距離センサ**が搭載され

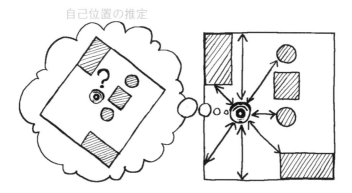

図 6.9：お掃除ロボットが計測した距離データから現在地を推定

ており、ロボットの前後や左右の壁、障害物までの距離を正確に計測できる。ただし、GPS やカメラのようにロボットが直接的に地図上の現在位置を知ることはできないものとする。このような状況のもと、ロボットが移動中に計測された**距離データから自分自身の地図上での現在位置を推定する**方法を解説しよう。

例えば、図 6.9 の位置にロボットがいたとする。ただし、ロボット自身はあくまでも、周囲の壁などから自分との距離データしかわからないので、自分自身が本当はどの位置にいるのかは直接わからない。そこでロボットは事前に与えられた地図データと計測された距離データから、自分自身の地図上の位置を推定する。

その際、可能性として複数の位置の候補が存在する。その候補の中から、距離センサからの計測された値と地図上での**誤差の最も小さい位置候補**を選び出し、自分の位置を推定するのである。この最小化問題を解く方法はいくつか存在するが、基本的な考え方の 1 つが本章 6.1 節で解説した最小二乗法と類似した概念である。

この方法により、部屋の地図上における現在のロボットの位置がわかるので、あとは効率よく掃除する経路に従って掃除をすればいいわけである。このように、地図上において少ない情報から自分自身の位置を推定する方法を

自己位置推定という。本書では紙面の都合で確率と統計の話題には触れないが、このような自己位置推定では、確率を応用したテクニックを積極的に利用することで推定精度を上げることが可能な場合がある。

6.2.3　地図を持たない場合のお掃除ロボット

　先述したお掃除ロボットの自己位置推定では、**事前に部屋の正確な地図が与えられていることを前提**とした。しかし、この方法では、例えば椅子が想定の位置からズレていた場合や、本や荷物など想定外のモノが置かれている場合には、ロボット自身が持っている地図と実際の部屋の構造が異なってしまうため自己位置推定ができない場合がある。また、そもそも大前提である部屋の地図データ自体、例えば大きな一軒家のように、構造が異なる複数の部屋が存在する場合には、作成が非常に難しい。

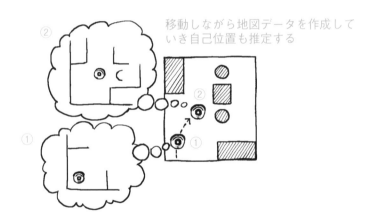

図 6.10：SLAM 技術（お掃除ロボットが自己位置推定と環境地図作成を同時実行）

　そこで、お掃除ロボットが地図を与えられていない未知の部屋を掃除する際にも、**掃除をしながらセンサ情報から部屋の地図を作成し、さらに自己位置推定を行う方法**を紹介しよう。

　この方法では、走査型レーザーセンサと呼ばれる、360 度あらゆる方向の距離を計測できるセンサなどをロボットに搭載する。そして、自分の位置から全方向の距離データを移動中に計測する。ただし、レーザーを用いたセンサなので、障害物があるとそこでレーザーが跳ね返ってしまい、その障害物との距離は計測できるが、障害物の先にある物体の距離データは得られない。

　そこで、移動中にこの全方向の距離データを用いて、ロボットは最初にわかる範囲で簡単な地図を作成する。当然、この地図データは前述した理由から完璧なものではない。しかし、掃除をしながら移動する間に計測された周囲の距離データをドンドン蓄積して、少しずつ地図を修正・拡張し、精度の高い地図を作成していく。そして、地図を作成していくと同時に、誤差を最小化する方法で自己位置推定し、その地図上における自分の位置を割り出す。

　この方法は、**自己位置推定と環境地図作成を同時実行**することから、SLAM（Simultaneous Localization and Mapping）と呼ばれ、実際に現在のいくつかのお掃除ロボットに実装されているのである。この方法ならば、お掃除ロボットは地図データのない、どんな部屋でも自分で勝手に地図データを作り、自分の位置を推定し、効率的に掃除が行えるようになる。

　そして、この SLAM はお掃除ロボットだけでなく、未知の環境を自己探索しながら調査をするような移動ロボットにも搭載されている。最近よく話題となる自動車の自動運転システムでもこの SLAM を拡張した技術が普及しつつある。

　また、東日本大震災では原発の事故が起こり、その調査のために原発内に調査ロボットが投入された。そのときに建物の内部が瓦礫だらけとなっていたが、そのような場合にも SLAM 技術は応用できるのである。

　そして、SLAM は単なる地上の移動ロボットだけでなく、例えばドローンなどにも応用できる。ドローンは大空を飛んでいるイメージがあるが、災害現場などでは建物の中を飛行する。この際、これまでの議論と同様に、建物の中の地図と自己位置推定が必要となる場合がある。お掃除ロボットは単に平面だけでよかったが、ドローンの場合には 3 次元のデータが必要となる。とはいえ、データ量は増えるが基本的な概念は同じである。SLAM を搭載したドローンならば、未知の建物内を飛行しながらの自動探索が可能となる

のである。

　今回紹介した最小二乗近似や類似の方法は、人工知能をはじめ実社会のさ
まざまな技術の基礎となっているのである。

第7章

人工知能

今、世間を賑わせている技術に人工知能がある。人工知能は英語で Artificial Intelligence：アーティフィシャル（人工）インテリジェンス（知能）と文字通りの意味で、これを略して AI とも呼ばれる。人工知能は 50 年くらい前から研究されているものであるが、特にコンピュータ技術の発達した 1980 年頃から様々な分野で実用化され、マスコミなどでも取り上げられてきた。バブルを経験した世代なら、1990 年頃に洗濯機などの家電で「ニューロ機能」「ファジー機能」などのうたい文句で多くの家電が販売されていたのを懐かしく思うだろう。

最近では、従来の人工知能を拡張したディープラーニング（深層学習）がもてはやされている。また、コンピュータの発展により取り扱えるデータ量が極端に多くなり、そのような巨大なデータ（ビッグデータ）の統計解析などにも人工知能が利用されている。「人工知能」というと、何か謎めいて小難しいイメージがつきまとうが、その概念の根本には高校数学が極めて重要であり、基本的なモノならば高校数学で理解可能である。

7.1 ニューラルネットワークの基礎

7.1.1 最も単純なニューロン1つの仕組み

一言で人工知能といっても、ニューラルネットワークや強化学習、パーティクルフィルタなどと呼ばれる様々な方法がある。これらの多種多様な人工知能の中でも、本章ではニューラルネットワークに焦点を当てて解説する。

ニューラルネットワークは、人工知能の手法の中でも最も有名な方法の1つであろう。先述した深層学習（ディープラーニング）もニューラルネットワークの一種である。極端なことをいえば、「人工知能＝ニューラルネットワーク」と勘違いしている人も多いと思われる。

ニューラルネットワークとは生物の脳を形作る**ニューロン（神経細胞）**の働きを模したものである。まずはニューロンを簡単に説明しておこう(図7.1)。ニューロンとは信号（刺激）が与えられると、それに応じた特定の信号を発するもので、以下のような性質を持つ。

(1) 1つのニューロンには、他の複数のニューロンから信号が入力される。

(2) ニューロンに信号が入力されると、その（ある意味での）合計が、特定の値を超えるかどうかにより、「反応した（ON）」もしくは「反応しない（OFF）」のどちらかの信号が出力される。

(3) あるニューロンから出力された信号は、それに結合している他のニューロンに伝達される。

脳はこれらのニューロン同士が複雑に繋がり、ネットワークを構築することで様々な情報の処理を行っているのである。

ニューラルネットワークとは、実際の脳のように複数のニューロンを組み合わせてネットワーク化したものを工学的に再現して人工知能に応用している手法なのである。

ニューラルネットワークを構成する個々のニューロンに注目してみよう。

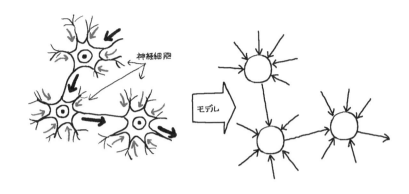

図 7.1：神経細胞（ニューロン）の情報伝達イメージとそのモデル

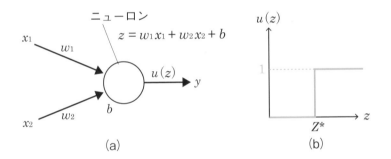

(a)　　　　　　　　　　(b)

図 7.2：ニューロンの入力と出力の関係

　例として、図 7.2（a）のようにニューロンには 2 つの入力（x_1, x_2）があり、1 つの値（y）が出力されるものとする。このとき、ニューロンの特性は式（7.1）のように数式化される。ただし、実際には入力数と出力数はもっと多い場合が存在するが、説明を簡単にするために、比較的理解しやすい 2 入力 1 出力の簡単なモノを取り扱っている。

$$\begin{cases} y = u(z) \\ z = w_1 x_1 + w_2 x_2 + b \end{cases} \tag{7.1}$$

　上式において、出力 y の値は関数 $u(z)$ と変数 z より決定される。w_1, w_2, b の3つは特定の係数であり、変数 z は入力の値 (x_1, x_2) とこれらの係数によって計算される**ニューロン内部に存在する値**である。

　関数 $u(z)$ は図7.2（b）のように、ニューロン内部の変数 z が特定の値を超えると1を出力し、それ以外は0を出力する関数となる。出力が1の状態が「ニューロンが反応している」状態であり、0の場合はニューロンが「反応していない状態」である。これを数式で表したものが

$$u(z) = \begin{cases} 0 & (z < Z^*) \\ 1 & (z \geq Z^*) \end{cases} \tag{7.2}$$

である。ここで Z^* は先ほどの特定の定数の値を意味する。式（7.2）では、z が値 Z^* より小さいと $u(z) = 0$ を出力する。一方、z が特定の値 Z^* 以上になると $u(z) = 1$ を出力する。$z = Z^*$ を境として出力が変化するこのような Z^* の値のことを、**閾値（しきいち）**という。また、ニューロン内部の値 z が閾値以上となり、ニューロンが反応して $u(z) = 1$ を出力することを**発火**という。

　式（7.1）を見てみると、w_1 と w_2 は、入力される x_1 と x_2 にそれぞれ掛けられる係数である。これを**重み**という。また、b は値に下駄を履かして、かさ増ししているものであり、これを**バイアス**という（ただし、b はマイナスにもなる）。

　つまり、式（7.1）は、ニューロンに入力された x_1 と x_2 をそれぞれ w_1 倍と w_2 倍し、さらに b を加えた $z = w_1 x_1 + w_2 x_2 + b$ を考え、それがある特定の値（閾値）以上ならば、ニューロンが発火し、$y = 1$ を出力することを式で表したものである。

7.1.2 ３つのニューロンが結合した例

　一般的なニューラルネットワークでは上述したニューロンが複数結合して信号を処理している。では、次の段階としてニューロンが３つ結合した図7.3の場合について解説しよう。この例では２つのニューロン１と２へ入力 (x_1, x_2) が左からあり、各ニューロンからの出力 (y_1, y_2) がさらに右のニューロン３の入力となり、最終的にそのニューロン３から出力 y_3 が１つ出ている。このニューラルネットワークでは一番左の入力を**入力層**といい、 一番右のニューロン３を**出力層**という。

　この場合には、入力 (x_1, x_2) に対し、ニューロン１と２の内部では以下の計算をする。

$$\begin{cases} z_1 = w_{11}x_1 + w_{21}x_2 + b_1 & (7.3) \\ z_2 = w_{12}x_1 + w_{22}x_2 + b_2 & (7.4) \end{cases}$$

　ここで、z_1 と z_2 はそれぞれニューロン１と２が内部に持つ値であり、b_1 はニューロン１のバイアス、b_2 はニューロン２のバイアスである。w_{ij} は入力 i からニューロン j への重みとする。

　また、それぞれのニューロンの出力 y_1, y_2 は、式（7.2）の関数 $u(z)$ を用いて、以下で与えられる。

$$y_1 = u(z_1) \qquad (7.5)$$

$$y_2 = u(z_2) \qquad (7.6)$$

　ここで、式（7.2）より、y_1 と y_2 の値は各ニューロンが発火すれば１を、発火しなければ０を出力する。今回の場合には、さらにこの出力 y_1 と y_2 が次のニューロン３の入力となっているのがポイントとなる。つまり、ニューロン３の内部では、式（7.7）が計算される。

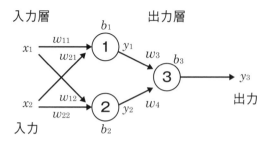

図7.3：ニューロンが3つ結合した例（入力が2つ、出力が1つ）

$$z_3 = w_3 y_1 + w_4 y_2 + b_3 \qquad (7.7)$$

　上式では w_3 と w_4 は重みを、b_3 はバイアスとし、最終的にニューロン3の出力 y_3 は

$$y_3 = u(z_3) \qquad (7.8)$$

となる。この例では、たった3つのニューロンが結合してネットワークを構築しているが、実際に人工知能として用いられているニューラルネットワークには非常に多数のニューロンが存在し、複数の入力が与えられる。また、1つのニューロンの出力も複数のニューロンへの入力となる場合がある。

　いずれにしても、ニューラルネットワークの大きなポイントの1つは、入力によって生じるニューロン内部の値（z）が閾値（Z^*）を超えると、そのニューロンが発火して1を出力し、場合によってはその出力値が他のニューロンに入力されるという点である。
　そして、全体のニューラルネットワークにどのような値が入力されたとき

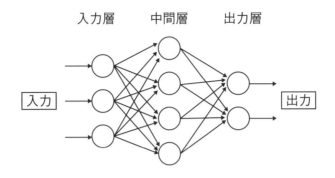

図7.4：一般的なニューラルネットワークの例

に、どのような値を出力するかは、ニューラルネットワークの中にある**各ニューロンの重みとバイアスの値で決定される**。今回の例でいえば、与えられた入力 x_1，x_2 に対し、結果的に式（7.8）でどのような出力 y_3 が出るかは、重み $w_{11} \sim w_4$ とバイアス $b_1 \sim b_3$ とそれぞれのニューロンの閾値に依存する。

　人工知能として使われるニューラルネットワークには様々なものがあるが、その性能のポイントとなるのが、「複数のニューロンをどのように結合してネットワークを構築するか？」ということである。最も基本的なモノとしては、図7.4に示すようにニューラルネットワークが3つの層から成る。この3層は、それぞれ入力層、中間層、出力層と呼ばれる。

　このような3層構造のニューラルネットワークは、昔からよく用いられてきた。ただし、近年盛んに耳にする深層学習（ディープラーニング）では、ネットワークの層を増やしたり、扱えるデータ量を増やすなどの工夫をしている。この深層学習（ディープラーニング）の登場で、これまでの標準的なニューラルネットワークの限界性能を凌駕する AI が実現し、世間を賑わしているのである。

7.2 ニューラルネットワークの応用例と学習

　ニューラルネットワークの基礎的な構造を理解した上で、これが一体どの

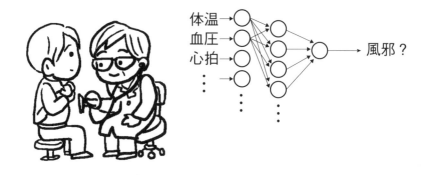

図7.5：診察をニューラルネットワークで行うイメージ

ように用いられているのか考えよう。簡単な例として、ニューラルネットワークを用いた簡易的な医療診断を考えてみよう。

今、読者のあなたが風邪をひいた「かもしれない」状況であると仮定しよう。病気の対象を風邪のみとし、風邪を「ひいている」か「いない」かのYESかNOの判断のみとする。実際の診察では通常、体温、血圧、聴診器からの振動音、場合によっては血液検査やレントゲンなどが含まれ、それらの情報から医者が総合的に「風邪かどうか」を診断する。

ここで医者の代わりにコンピュータプログラムでニューラルネットワークを構築し、人工知能によって診断を行うことを考える。この場合には、図7.5のように、血圧、体温、脈拍数、呼吸数、血液検査などのデータの値をコンピュータに入力し、ニューラルネットワークを介して、風邪の場合には出力値yが$y = 1$となり、そうでない場合には$y = 0$となるように、それぞれのニューロンに適切な重みとバイアスを与える。そうすることで医者の代わりに診断する人工知能が出来上がるのである。

このようなニューラルネットワークを用いた人工知能を構築する上で、最も重要な事柄の1つに、**各ニューロンの重み（w_i）とバイアス（b_i）の値をどのように決定するか？** ということがある[1]。当然ながら、各ニューロンの重みとバイアスの値ででたらめに決めたのでは、ニューラルネットワークが正しい診断をするのは不可能であり、各ニューロンに適切な値を与えてあ

1. w_iとb_iの添え字iはi番目の要素を意味する

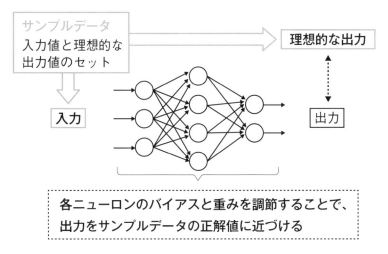

図7.6：サンプルデータを用いたニューラルネットワークの学習

げなくてはならない。**この適切な値をやみくもに見つけるのは至難のワザで**ある。

　そこで、「人間が実際の経験を重ねて、様々なことを学習していく」ように、ニューラルネットワークにも、適切な重みとバイアスの値を**学習によって獲得する方法が存在する**。実際に人間の医者の場合でも、経験の浅い若い医者には精度の高い診断はできず、経験を重ねて医療現場で学ぶことでベテランの医者に成長していく。このような人間の学習過程をニューラルネットワークでも行うのである。最初はデタラメな診断しか行えないニューラルネットワークも、様々な状況を学習することで各ニューロンの重みとバイアスの値を調整し、徐々に正確な診断ができるように成長していく。

　このニューラルネットワークの学習には、「入力の値」と「それに対応した正解となる出力」のセットが複数必要となる。これをサンプルデータとか教師データという。この学習では図7.6のようにサンプルデータの入力値をニューラルネットワークに与え、その時の出力値を得る。このニューラルネットワークから出された出力値とサンプルデータの正解値を比較し、結果的に

正しい診断結果が出力されるように重みとバイアスの値を調節する。この調整が、ニューラルネットワークの学習そのものとなる。

最も簡単に思いつく方法は、存在するサンプルデータを入力し、各ニューロンの重みとバイアスを少しずつ変化、もしくはランダムで変化させてちょうどいい感じの値が出力されるように、繰り返しトライして調節する方法である。この行為はそれぞれの重みとバイアスの値を変化させる調節器があったとして、この調節器を少しずつ変化させて「適切な出力が出るように各調節器を調整する」と考えればイメージしやすいだろう。

しかし、この方法ではニューロンの数が増えると、重みとバイアスの数も増え、適切な値を探すには途方もなく時間がかかる。そこで、**できるだけ短時間で効率よく**、これらの重みとバイアスを学習する方法が必要となる。

7.3 ニューラルネットワークによる風邪診断システム

7.3.1 シグモイド関数によるニューロン出力の近似

図 7.4 に示すような一般的なニューラルネットワークを学習させるには、大学の数学知識である偏微分という概念を必要とする。そこで本書では、最もシンプルな、たった 1 つのニューロンのみを持つニューラルネットワークのモデルを使って、学習方法の本質的なイメージを説明する。たった 1 つのニューロンしか考えていないので、「ネットワークじゃないんじゃ……」などのツッコミもあるかもしれないが、本質を理解するには十分であるし、何よりも高校数学で理解できる。

この学習には**微分**のテクニックを使う。しかし、式（7.2）のような階段状の関数では、値が変化する際に**不連続**となり、**微分不可能**となるため、取り扱いが極端に難しくなる。そこで、このニューラルネットワーク内部の微分不可能な特性を回避するために、式（7.2）の関数を次式のような滑らかな関数で近似しよう。この関数は図 7.7（b）のような形を持つ関数である。

$$u(z) = \frac{1}{1 + e^{-az}} \tag{7.9}$$

　ただし、ここでは閾値を $Z^* = 0$ と想定している。z は式（7.1）に示されるニューロン内部の値であり、$u(z)$ はニューロンからの出力である。また、a は正の定数とし、e は自然対数の底（ネイピア数）$e = 2.718\cdots$ である。式（7.9）に示す関数を**シグモイド関数**と呼ぶ。

　このシグモイド関数は高校では習わないので少し詳しく説明しておこう。ネイピア数 e は高校数学の数Ⅲで習うのだが、本章では e の計算がたくさん出てくるので、念のため以下で復習しておく。

自然対数の底（ネイピア数）$e = 2.718\cdots$ の特徴

　自然対数の底 e は以下に示す極限で定義される。

$$\lim_{x \to 0}(1+x)^{\frac{1}{x}} = e$$

　特に注目すべき点として、関数 e^x は x で微分しても変化しない特別な指数関数であり、以下を満たす。

$$\frac{d}{dx}e^x = e^x$$

　また、以下が成立する。

$$\int \frac{1}{x}dx = \log_e x + C$$

　ただし、C は積分定数である。

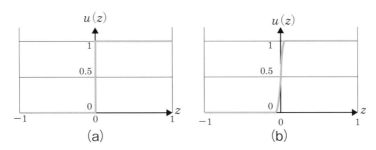

図7.7：シグモイド関数による階段状の関数の近似　(a) 元の関数　(b) シグモイド関数

　図7.7では左図（a）の階段状の関数を、右図（b）のシグモイド関数の滑らかな曲線で近似していることがわかるだろう。この図7.7のシグモイド関数の例では曲線の滑らかさを強調しており、階段状の左図（a）に対し、近似が少し強引な感じもするが、式（7.9）の a の値を大きくとっていくと、シグモイド関数の中央の傾きが大きくなり、かなり階段状に近くなる。このシグモイド関数を用いることで、関数 $u(z)$ を変数 z の任意の値で微分可能となる。後述するように、関数 $u(z)$ を変数 z で微分した $\dfrac{du(z)}{dz}$ を利用して、ニューラルネットワークの学習を行う。

　それでは実際に、シグモイド関数 $u(z)$ を変数 z で微分して、どんな関数になるのかを調べてみよう。この計算は高校の数学の知識で十分理解できるが、少し複雑なので、詳細の計算に興味のない読者は結果の式である式（7.13）まで読み飛ばしていただいて構わない。

シグモイド関数 $u(z)$ の微分　$\dfrac{du(z)}{dz}$

　話を簡単にするために、式（7.9）において $a = 1$ として、シグモイド関数 $u(z)$ を以下で定義するとき、$u(z)$ を z で微分した $\dfrac{du(z)}{dz}$ を求めよう。

$$u(z) = \frac{1}{1 + e^{-z}} \tag{7.10}$$

　まず、新たな変数 ζ（ゼータ）を用いて $\zeta = 1 + e^{-z}$ とおけば、式（7.10）は以下のように書き直せる。

$$u(z) = \frac{1}{\zeta} = \zeta^{-1} \tag{7.11}$$

　従って、合成関数の微分の公式を用いると、求めたい $\dfrac{du(z)}{dz}$ は

$$\frac{du(z)}{dz} = \frac{du(z)}{d\zeta}\frac{d\zeta}{dz} \tag{7.12}$$

となる。ここで（7.12）の右辺はそれぞれ次式で計算される。

$$\frac{du(z)}{d\zeta} = -\zeta^{-2} = -\frac{1}{(1 + e^{-z})^2}$$
$$\frac{d\zeta}{dz} = \frac{d(1 + e^{-z})}{dz} = -e^{-z}$$

　これらの結果を式（7.12）に代入すると

$$\frac{du(z)}{dz} = \frac{1}{1 + e^{-z}}\left(\frac{e^{-z}}{1 + e^{-z}}\right)$$

を得る。ここで e^{-z} について考えると、$e^{-z} = 1 + e^{-z} - 1$ である。この関

係を上式の一番右の部分の分子に代入すれば

$$\begin{aligned}\frac{du(z)}{dz} &= \frac{1}{1+e^{-z}}\left(\frac{(1+e^{-z})-1}{1+e^{-z}}\right) \\ &= \frac{1}{1+e^{-z}}\left(\frac{1+e^{-z}}{1+e^{-z}} - \frac{1}{1+e^{-z}}\right)\end{aligned}$$

を得る。式（7.10）のシグモイド関数の定義より$u(z) = \dfrac{1}{(1+e^{-z})}$ を考慮すれば上式は以下のように変形できる。

$$\frac{du(z)}{dz} = u(z)\bigl(1-u(z)\bigr)$$

　以上より、式（7.10）のシグモイド関数 $u(z)$ を変数 z で微分すると、その結果は、式（7.13）のように元々の $u(z)$ を組み合わせた簡単な関数で表される。ニューラルネットワークの学習では、この式（7.13）の関係式が極めて重要となる。

$$\frac{du(z)}{dz} = u(z)\bigl(1-u(z)\bigr) \tag{7.13}$$

7.3.2　簡易風邪診断システムの数式化

　シグモイド関数の微分が理解できたところで、次に具体的な応用例を通じて、ニューラルネットワークの学習の仕方を説明していこう。

　先ほど説明したように、今回対象とするのは図7.8のような1つのニューロンのみを持つニューラルネットワークである。このニューラルネットワー

クを用いて、風邪の診断を行う人工知能を構築することを考えよう。

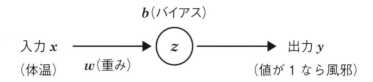

図7.8：1つのニューロンのみを持つニューラルネットワーク

　話を簡単にするために、この人工知能では、風邪の患者の**体温を入力**し、**風邪か風邪でないかを出力する**ものを考える。もちろん、実際の風邪の診断は体温のみでわかるほど単純ではないが、あくまでもニューラルネットワークの学習方法を学ぶための簡単な例題と割り切ろう。これまでの論議を踏まえ、$a = 1$として図7.8のニューラルネットワークを以下のように数式で表す。

$$\begin{cases} y = u(z) \\ u(z) = \dfrac{1}{1+e^{-z}} \\ z = wx + b \end{cases} \tag{7.14}$$

　上式（7.14）において、入力xを患者の体温とし、wは重み、bはバイアスとする。yは風邪診断の出力として、体温xを入力した際に結果的に出力される値であり、今回の場合には、$y = 1$が出力された場合に「風邪である」と診断し、$y = 0$では「風邪ではない」と診断する。

　ただし、実際の計算では厳密に$y = 1$や$y = 0$となることはないので、ある程度の数値の幅をもたせて判断する。

7.3.3 勾配降下法による最適値の見つけ方

　式（7.14）において、問題は重み w とバイアス b をどのような値に設定するかである。ここでは先述したように、これらの適切な値を学習によって求めよう。今回の場合には、あらかじめサンプルデータ（教師データ）として、表7.1のようなデータが存在しており、そのデータに基づき学習を行う。ただし、調整しなくてはならない重み w とバイアス b のうち、**計算を簡単にするため重みは $w = 5$ で固定し、バイアス b のみを学習によって最適な値に調整するものとする**[2]。

　次にニューラルネットワークの学習法を理解する上で、重要な概念である**誤差**について説明しよう。誤差については第6章でも説明したが、ニューラルネットワークの内容に合わせて、改めて説明する。

　サンプルデータ中のある入力 x をニューラルネットワークに入力した際に、得られる出力を y とする。このときにサンプルデータに存在する理想的な出力を y^* とする。今回の場合、ニューラルネットワークを学習させることの目的は、**サンプルデータの入力 x に対しバイアス b の値を調整し、ニューラルネットワークからの出力 y とサンプルデータの理想値 y^* を同じにすること**である。

　最初から与えられているサンプルデータを用いて、事前にバイアス b の適切な値を学習して求めておくことで、サンプルデータ以外の実際の診断のデータに対しても、適切に人工知能が働き、診断に用いることができるようになるのである。

　表7.1の3番目のデータを例に説明しよう。この場合は体温（入力）が $x = 39.1$ であり、風邪の診断欄が○であるため風邪と診断されるべきであるから、理想的な出力は $y^* = 1$ である。しかし、学習が不十分でニューラルネットワークのバイアスの値が調整されていない場合には、「風邪でない」と誤って診断され、$y = 0$ が出力されてしまうこともある。

　先述したように、理想的な最終目標は全てのサンプルデータの入力に対し、出力 y を理想値 y^* に一致させること、つまり、$y - y^* = 0$ となるバイアス b の値を見つけ出すことである。この $y - y^*$ のことを**誤差**と呼ぶ。誤差とは「理想値と出力値」の差と思ってもらえればよい。

2.重み w とバイアス b の最適値を同時に探す場合には、大学で勉強する偏微分の知識が必要となる。しかし、w の値を固定し、変数を1つにすることで、高校で習う微分の知識だけで、この問題にチャレンジすることができる

表7.1：風邪診断の学習用サンプルデータ $(i = 1, \cdots, 10)$

サンプルNo i	入力値 x_i（体温）	風邪の診断結果	y_i^*（理想的なy_iの値）　（0 or 1）
1	34.8	×	0
2	35.0	×	0
3	39.1	○	1
4	40.7	○	1
5	36.1	×	0
6	35.7	×	0
7	37.7	○	1
8	36.2	×	0
9	37.2	○	1
10	36.0	×	0

　しかし、実際には様々な理由から、完全に誤差をゼロとすることは困難である。そこで、ゼロにできないとしても、**できるだけゼロに近づける**という意味から、以下のような誤差を評価する関数 E を定義しよう。

$$E = \frac{1}{2}(y - y^*)^2 \tag{7.15}$$

　このように、何かを評価する際に基準とする関数を**評価関数**という。第6章と同様に $(y - y^*)$ の2乗を用いているのは、誤差にマイナスがついた場合にも、その大きさを議論するために絶対値の代わりとしたいからである。また $\frac{1}{2}$ の係数があるのは微分するときに計算が少し楽になるからである[3]。

　ニューラルネットワークの学習の目的を数学的に記述し直せば、表7.1のサンプルデータに対し、バイアスの値 b を調節して、誤差の評価関数 E を最小にするような b の値を見つけ出すことである。この適切な b の値を b_{op} としよう。

　では、どのように最適な b の値、すなわち b_{op} を見つけたらよいのであろ

3. 例えば、$y = \frac{x^2}{2}$ を考えると、x^2 の係数 $\frac{1}{2}$ と微分のときに係数として出てくる2とが相殺して $\frac{dy}{dx} = x$ となるので、少し計算が楽になる

うか？　まさにこれがニューラルネットワークの学習の肝となる部分である。いよいよ、その肝となる部分を説明していこう。その前に、本書で解説する学習法の注意点を以下に述べておく。

本書におけるニューラルネットワークの学習についての注意点

　一般の方法では、式 (7.15) に示す E を表 7.1 の 10 個分のサンプルデータの誤差を全て合計したものを評価関数として用いる。その上で全てのサンプルデータを一気に学習して、バイアス b を調節していく。その場合、数学の難易度が少し上がる。

　本書では高校生や初学者を対象としているため、このような学習方法はとらず、表 7.1 の 1 番目のサンプルデータから 1 つずつ評価関数 E を計算し、サンプルデータごとに学習して b を調整していく方法をとる。
　具体的には、最初に適当に与えられたバイアス b の値 (初期値) に対し、その値を用いて、初めに 1 番目のサンプルデータの評価関数 E を求める。そして、学習により、その E を減少させるようにバイアス b の値を調整する。次に、その b の値を用いて 2 番目のサンプルデータに対し、評価関数 E を求める。そして、学習により再びバイアス b の値を調節する。後はこのプロセスを 3 番目のサンプルデータから 10 番目まで続けることで、バイアス b を適切な値 b_{op} に近づけていく。

　この方法だと、ニューラルネットワークの学習方法を説明する上で、用いる数式が簡単になり、本質を損なうことなく、数学の難易度を下げることができる。ただし、実際に多くのニューラルネットワークの学習で用いられる方法と若干異なる。

　今、サンプルデータの値から入力 x と理想的な出力 y^* が具体的な数値として与えられる。一方、ニューラルネットワークを介した出力 y は式 (7.14)

より、今回は $w = 5$ で固定していることから、バイアス b を変数とする関数として与えられる。式 (7.15) より評価関数 E は b の関数 y と数値 y^* により構成されるため、結果的に評価関数 E もバイアス b の関数となる。

　以下では、表7.1 の i 番目のサンプルの数値を強調したい場合には入力 x を x_i、その出力 y を y_i で表現する。例えばサンプル No. 1 について考えよう。この場合では入力 $x_1 = 34.8$、理想的な出力 $y_1^* = 0$ である。このとき、ニューラルネットワークの出力 y_1 は、式 (7.14) より以下となる。

$$y_1 = \frac{1}{1 + e^{-(5 \times 34.8 + b)}}$$

さらにこの値を式 (7.15) に代入すれば、$y_1^* = 0$ より誤差の評価関数 E は

$$E = \frac{1}{2}\left(\frac{1}{1 + e^{-(174 + b)}}\right)^2 \tag{7.16}$$

となる。このようにサンプルデータの具体的な数値を入れると、評価関数 E がバイアス b を変数とすることがわかるだろう。

　今、変数 b の変化に対する誤差の評価関数 E が図 7.9 のように表現されているとする（この図はあくまでもイメージである）。今回の目的は「この b を変数とする評価関数 E を最小にする b、つまり $b = b_{op}$ を学習によって求めること」である。

　そこで、まずは最初に b の数値を適当に決めたとしよう。この値を b の**初期値**といい、$b = b_0$ とおく。初期値の値は適当に決めたものなので、$b_0 \neq b_{op}$ である。そこで、b の値をこの初期値 b_0 からサンプルデータを学習させることで徐々に変化させて、最適な値 $b = b_{op}$ に近づけていくことにする。

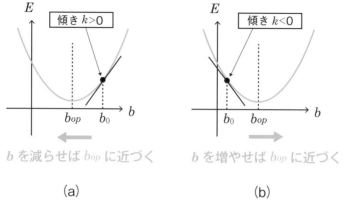

図 7.9：b に対する E の変化。b の初期値が (a) 最適値より右にある場合と、(b) 左にある場合

　ここで、微分の章で説明した傾きについて思い出してほしい。評価関数 E の $b = b_0$ における傾き k は、E を b で微分し、その結果に $b = b_0$ を代入すればよいから

$$k = \left.\frac{dE}{db}\right|_{b=b_0} \tag{7.17}$$

で計算できる。ここで " $\left.\right|b = b_0$" は微分して得られた $\dfrac{dE}{db}$ に $b = b_0$ を代入することを意味する。

　仮に今、図 7.9（a）のように初期値 b_0 が**最適値** $b = b_{op}$ より右に存在していたとしよう。このとき、b の値を減少させ、左側に移動させれば、b は最適値 $b = b_{op}$ に近づく。つまり、適当な正の値 $\beta > 0$ を考えて $b = b_0 - \beta$ とすればよい。

　ただし、ポイントとしては、最適値 $b = b_{op}$ の値が具体的にはわからないので、実際に b_0 が b_{op} の右にあるかはわからない。そこで、式（7.17）で計算される傾き k に注目する。図 7.9（a）ように b_0 が $b = b_{op}$ の右にあると

きは、この傾きが正、つまり $k > 0$ となるのである。そこで、せっかくなので適当な正の値 β の代わりに正の値を持つ傾き k の値を利用して、式 (7.17) より以下のように b の値を変更する。

$$b = b_0 - \eta \frac{dE}{db}\Big|_{b=b_0} \tag{7.18}$$

ここで η （イータ）は学習率と呼ばれる係数で、$\eta > 0$ の適当な値である。これにより得られた b の値は初期位置 b_0 よりは左に移動し、最適値 b_{op} に近づくことができる。しかも傾き k が大きいときには大きく、小さいときには少しだけ移動するので効率が良い。学習率 η の役目は、最適値に近づくための移動量を調整している。η の値が大きければ移動量が大きく、値が小さければ移動量が小さい。

逆に初期値 b_0 が $b = b_{op}$ より左にあった場合、今度は b を増加させ、右側に移動させれば b_{op} に近づく。この場合には適当な正の値 β を用いて、$b = b_0 + \beta$ とすればよい。

そこで再度、傾き k に注目すると、図 7.9 (b) のように b_0 が $b = b_{op}$ より左にあった場合には、傾きが負、つまり $k < 0$ であることがわかる。従って、この場合でも

$$b = b_0 - \eta \frac{dE}{db}\Big|_{b=b_0}$$

とすることで b が増加し、初期値 $b = b_0$ から最適値 b_{op} に近づく。上式は先ほどの b が b_{op} の右に存在する場合の式 (7.18) と全く同じであり、結局のところ、具体的に最適値 b_{op} の値がわからないときにでも、傾き $k = \dfrac{dE}{db}$ の値がわかる場合には、式 (7.18) のように b を調整することで、誤差 E を最小にする $b = b_{op}$ に b を近づけることが可能となる。

傾きのことを別の言葉で「勾配」といい、この傾きに応じて関数 E の値を降下させて最適値を見つける方法を**勾配降下法**という[4]。

---

[4]. 今回の例では関数 E の変数 b に対する極小値が 1 つだけある場合には有効であるが、極小値が複数存在する場合などには、様々な工夫が必要となる

7.3.4 ニューラルネットワークでの学習

これまでの解説から、誤差の評価関数 E を最小にする最適な b_{op} を見つけるには、傾き $k = \dfrac{dE}{db}$ を計算し、式（7.18）のように b をある初期値 b_0 から調整し、徐々に b_{op} に近づければいいことがわかった。

そこで、次の問題は傾き $\dfrac{dE}{db}$ をどのように計算するかである。では、以下に傾き $\dfrac{dE}{db}$ を計算してみよう。結果だけ知りたい方は式（7.21）まで飛ばしていただいても構わない。

傾き $\dfrac{dE}{db}$ の計算

合成関数の微分より

$$\frac{dE}{db} = \frac{dE}{dy}\frac{dy}{db}$$

が成立する。ここで右辺の $\dfrac{dE}{dy}$ は式（7.15）より

$$\frac{dE}{dy} = y - y^* \tag{7.19}$$

となる。次に $\dfrac{dy}{db}$ を計算する。式（7.14）より $y = u(z)$ であるから

$$\begin{aligned}
\frac{dy}{db} &= \frac{du(z)}{db} \\
&= \frac{du(z)}{dz}\frac{dz}{db}
\end{aligned} \tag{7.20}$$

を得る。上式において、シグモイド関数の微分の式（7.13）より、

$\dfrac{du(z)}{dz} = u(z)(1 - u(z))$ であり、また、式（7.14）より $\dfrac{dz}{db} = 1$ である

から、これらを式（7.20）に代入すると

$$\frac{dy}{db} = u(z)(1 - u(z))$$

となる。さらに $y = u(z)$ であることを考慮すれば

$$\frac{dy}{db} = (1 - y)y$$

を得る。以上より、傾き $\dfrac{dE}{db}$ は以下の式で計算できる。

$$\frac{dE}{db} = \frac{dE}{dy}\frac{dy}{db} = (y - y^*)(1 - y)y \tag{7.21}$$

従って、式（7.21）より、サンプルデータの x に対する理想値 y^* と、その x をニューラルネットワークに入力したときに出力される y が得られれば、そのときの傾き $\dfrac{dE}{db}$ が計算できるのである。

これを踏まえると、式（7.14）で表現されるニューラルネットワークにおいて、誤差 E を最小にするバイアス b の最適値を求めるには、以下の手順で計算していけばよいことがわかる。

1. 初めに、あるバイアス初期値 b_0 を適当に与える。この値を用いて、表7.1 のサンプルデータNo.1より x_1 を式（7.14）に入力し、出力 y_1 を得る。

2. 得られた出力y_1と理想的な出力y_1^*を式（7.21）に入力することで$\dfrac{dE}{db}$が得られ、それをもとに、バイアスbを$b = b_0 - \eta \left. \dfrac{dE}{db} \right|_{b=b_0}$と調整する。この$b$は少なくとも、初期値の$b_0$よりは誤差$E$を小さくする。この$b$を$b_1$とする。

3. 次にこの修正されたバイアスb_1を用いて、今度はサンプルデータNo.2よりx_2を入力して出力y_2を得る。この得られたy_2と理想出力y_2^*より、前回と同様に傾き$\dfrac{dE}{db}$を求めてバイアスbを修正し、これをb_2とする。

4. あとはサンプルデータがある限り、この繰り返しを続けることで、誤差の評価関数Eを最小にするb_{op}にbの値を近づける。場合によっては上記の手順をさらに何周もさせる。

　これが勾配降下法を用いたニューラルネットワークにおける学習の正体である。ここまで頑張って読んだ読者はわかると思うが、世間ではマスコミがAIだの人工知能などと騒ぎ立てているが、その中身の重要な要素の1つが数学なのである [5]。

7.3.5　実際のサンプルデータを用いた　　　　ニューラルネットワークの学習例

　実際に表7.1のサンプルデータを使って、ニューラルネットワークがbを学習する過程を見ていこう。これまで数学計算の解説が長かったので、改めて問題設定を確認しておこう。

　このニューラルネットワークは先述した図7.8のように1つのニューロンからなる最もシンプルなものである。また、簡単にするため、重み$w = 5$とし、バイアスbのみの学習を考える。

　今回の学習例では、式（7.18）の学習率を$\eta = 40$とする。式（7.14）で$w = 5$としたものを再度記述しておこう。

---

5. もちろん、数学を用いて最適化を行う上でプログラミングも重要となる

$$y = \frac{1}{1 + e^{-(5x+b)}} \qquad (7.22)$$

　そして、とりあえず初期値 $b_0 = -170$ を与えて、誤差 E を最小にする b を学習により見つけ出そう。なお、学習率 η の値は、大き過ぎても小さ過ぎても学習が効率よくできないので、値を選ぶには注意が必要である。

　今回の場合には、先述したように体温を入力 x とし、そのときの診断結果を y とする。そして「体温がある基準の温度より高ければ、風邪である」と判断するようなニューラルネットワークの構築を目指す。

　191 〜 192 ページの手順に従い、最初に表7.1にある1番目のサンプルデータを学習させよう。このとき入力する体温の値は $x_1 = 34.8$ であり、理想的な診断としては風邪ではないため、理想出力は $y_1^* = 0$ である。一方、ニューラルネットワークに $b_0 = -170$ と $x_1 = 34.8$ の値を入力した結果得られた出力 y_1 は、式（7.22）より

$$y_1 = \frac{1}{1 + e^{-(5 \times 34.8 - 170)}} \fallingdotseq 0.9820 \qquad (7.23)$$

となり、$y_1 \fallingdotseq 0.9820$ が出力される。ただし、これらの数値の計算では小数点第五位以下を切り捨てている。

　次に、式（7.21）より、以下の式のように傾き $\frac{dE}{db}$ が計算される。

$$
\begin{aligned}
\frac{dE}{db} &= \frac{dE}{dy}\frac{dy}{db} \\
&= (y_1 - y_1^*)(1 - y_1)y_1 \fallingdotseq 0.9820 \times (1 - 0.9820) \times 0.9820 \\
&\fallingdotseq 0.0173
\end{aligned}
$$

　従って、学習率 $\eta = 40$ を用いてバイアス b を次式のように修正し、b_1 を得る。

$$b_1 = b_0 - \eta \frac{dE}{db} \fallingdotseq -170 - 40 \times 0.0173 = -170.6920$$

　次に、得られた新しい b_1 と、2 番目のサンプルデータを用いて、さらに b_1 を修正した b_2 を計算しよう。このとき入力する体温の値は $x_2 = 35.0$ であり、風邪の判別としては風邪ではなく、理想出力は $y_2{}^* = 0$ である。実際にこれらの値を入力した結果得られた出力 y_2 は、式（7.22）より以下のように計算される。

$$y_2 = \frac{1}{1 + e^{-(5 \times 35.0 - 170.6920)}} \fallingdotseq 0.9867$$

　この値を元にさらに $\dfrac{dE}{db}$ を計算すると、

$$
\begin{aligned}
\frac{dE}{db} &= \frac{dE}{dy}\frac{dy}{db} \\
&= (y_2 - y_2^*)(1 - y_2)\,y_2 \fallingdotseq 0.9867 \times (1 - 0.9867) \times 0.9867 \\
&\fallingdotseq 0.0129
\end{aligned}
$$

　これらの結果から b_1 を修正して、b_2 は以下で計算される。

$$b_2 = b_1 - \eta \frac{dE}{db} \fallingdotseq -170.6920 - 40 \times 0.0129 = -171.2080 \qquad (7.24)$$

　この手順を繰り返し、サンプルデータとニューラルネットワークの出力から得られる値により、b を調節することで、結果的にニューラルネットワー

クの出力の誤差の評価関数 E が最小となるような b の値に近づけることができる。今回の場合ではサンプルデータ10個に対して4セット分、この学習を繰り返すことで、b の値は図7.10のように収束する。

学習によって得られた適切な b_{op} の値を式（7.22）に代入したシグモイド曲線を図7.11に示す。

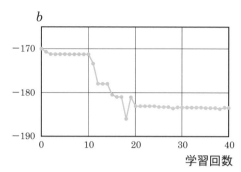

図7.10：サンプルデータの学習に対する b の変化

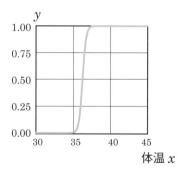

図7.11：学習によって得られた b を用いたシグモイド関数

　さて、このニューラルネットワークの学習における数学的な意味を考えてみよう。今回の問題設定では x が体温であり、体温を入力することで患者が風邪かどうかを診断するニューラルネットワークである。図 7.11 のシグモイド関数では、おおむね x が 36.5 より小さければ、$y = 0$ に近くなり風邪ではなく、それより大きければ、$y = 1$ に近くなり風邪と判断される。サンプルデータを学習し、バイアス b の値を調節することで、このような関数を得ることができたのである。

　以上がニューラルネットワークを用いた人工知能と学習の基本的な概念である。

　今回の場合には、高校の数学のみを利用して説明したため、シンプルなニューラルネットワークであったが、一般的なニューラルネットワークはこれを様々に拡張し、より複雑にしたものである。当然その理解には、より高度な数学が必要となる。本書での内容は、わかりやすさを重視したため、一般の方法に比べ多少厳密さに欠けることをお断りしておく。興味のある読者はぜひ専門書にチャレンジすることをお勧めする。

難易度
★★★★

第 **8** 章

宇宙エレベータと
ラグランジュポイント

本書では高校数学が実社会の様々なことに利用されていることを説明しているが、ここでもう少し大きな視点からそれを解説していこう。キーワードは宇宙建造物である。本章ではスペースコロニーと宇宙エレベータについて扱う。

8.1 スペースコロニーについて

最初にスペースコロニーについてとりあげよう。スペースコロニーとは宇宙空間に造られた人工居住地であり、多くの SF に登場する。特に有名なものは SF アニメ『機動戦士ガンダム』シリーズに登場するものであろう。機動戦士ガンダムの世界では、図 8.1 のようにスペースコロニーは円筒形の外観をしており、地球の周りに存在している。

宇宙空間では、スペースコロニーなどの物体は無重力でフワフワと浮いているイメージがあるが、実は太陽や地球、衛星などの他の天体の重力の影響を受ける。そして、多くの場合、他の天体の重力にとらわれた物体はそれぞれの重力の影響を受けながら、複雑な運動を行う。

もっともシンプルな運動の 1 つは、楕円軌道（図 8.2）である。例えば、太陽系の惑星や彗星は太陽の周りを楕円軌道で動いている（ケプラーの第一法則）。しかし、その楕円軌道でさえも、毎回同じ軌道ではなく、運動中に周囲の天体の影響を受けるため、厳密には毎回異なる軌道を描いているのである。

宇宙空間では物体が完全に静止していることはほとんどない。基本的には、何か他の天体の重力の影響を受けて、大なり小なり複雑な運動をしているのである。

8.1.1 ラグランジュポイント

スペースコロニーは必ずしも SF の世界だけでなく、まだ実現されていないものの、実用化が期待されている技術の 1 つである。このスペースコロニーは先述したように宇宙空間では何か他の天体の重力の影響を受ける。その際、図 8.3 のように、何かの拍子に地球の周辺から大きく離脱してしまうかもしれない（少し極端なイメージ図であるが）。

そこで、スペースコロニーはいい加減な場所にではなく、**適切な場所に配置する必要がある**。実はガンダムに登場するスペースコロニーもそのあたりの理屈が設定で考慮されている。それが**ラグランジュポイント**である。

図8.1：スペースコロニーイメージ図　©The Granger Collection/amanaimages

図8.2：天体の楕円軌道の例　© kinoshita shinichiro/Nature Production/amanaimages

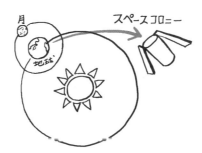

図8.3：スペースコロニーが大きく離脱するイメージ

　ラグランジュポイントとは、簡単にいえば3つの天体が互いに引力によって影響し合っているとき、**その3つの天体の重力が釣り合う場所**である。話を具体的にするために、3つの天体を「地球」「月」「スペースコロニー」としよう。さらに条件として、**地球や月に比べ、スペースコロニーの質量が極めて小さいとする**。つまり、「スペースコロニーは月と地球の引力の影響を受けるが、月と地球はスペースコロニーの引力の影響を無視できる」と仮定する。

　この3点が釣り合う場所「ラグランジュポイント」を高校数学のベクトルの知識を使って見つけてみよう。このように3つの天体の運動を考えることを「三体問題」という。この三体問題は、詳しく解析するとかなり難しい問題となるが、できるだけ本質を損なわず、高校数学の使い道という点に焦点を当てて簡単に解説していこう。

　図8.4（a）のように、地球と月、スペースコロニーが同一平面上で運動しているとしよう。厳密には、この3つの天体は太陽や他の天体の引力の影響を受けるが、今回の議論では地球と月、スペースコロニーのみの相互影響だけを考える。

　多くの読者は、月は地球を中心に回転していると思われるかもしれないが、**実は違う**。実際には月は、**地球と月の2つを考慮した場合の共通の重心位置を中心に回転している**。また、逆に地球は月の引力の影響を受けて、この重心位置を中心に回転している。従って、この重心位置は地球の中心から少し離れた場所にある。図8.4ではこの重心をわかりやすく少しオーバーに描いているが、実際にはかなり地球の中心に近いところにある。

　さて、スペースコロニーを地球近くに配置する場合、スペースコロニーは地球の引力だけでなく、月の引力の影響も同時に受ける。また、結果的にスペースコロニーに回転運動（公転）が生じれば、それに対する遠心力が発生する。従って、スペースコロニーに影響を与える「地球と月からの引力」と「自分自身の回転による遠心力」のため、これらの力が釣り合っている場所に的確にスペースコロニーを配置しないと、1つの場所に留まることができずに、図8.4（b）のような複雑な運動を起こしてしまう可能性がある（少しオーバー

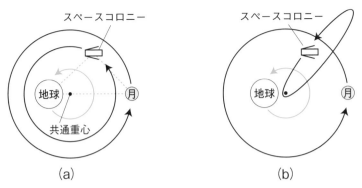

図 8.4：(a) 三体問題の問題設定（地球・月・コロニーの相対位置が一定のとき）(b) スペースコロニーが複雑な運動を起こした場合

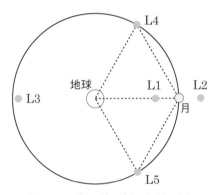

図 8.5：ラグランジュポイント L1 〜 L5

なイメージ図である）。

　ここでいよいよラグランジュポイントの登場である。地球と月からの引力、さらには公転の遠心力の影響を受けるスペースコロニーではあるが、図 8.5 に示す 5 つのポイントだけは、これらの力が釣り合う場所なのである。この 5 つのポイントがラグランジュポイントと呼ばれる。

　このラグランジュポイントは図 8.5 の L1 〜 L5 のように 1 から 5 番まで番号が振ってある。ここにスペースコロニーを配置すれば、理論的には同じ場

所に留まることが可能となる[1]。ただし、同じ場所と書いたが、スペースコロニー自体が公転するので、**月・地球・スペースコロニーの相対的な位置が同じ**という意味である。

　このラグランジュポイントの場所をもう少し詳しく見てみると、L1 〜 L3 は何となく月と地球の釣り合いから直感的にわからなくもない。この 3 点は地球と月を結ぶ直線とその延長線上に存在し、引力は距離が近ければ大きく、遠ければ小さくなるからである。しかし、L4 と L5 の位置は少し奇妙な感じがする。特にこの L4 と L5 の点は地球と月で作られる**正三角形の頂点**であることが知られている。このピッタリ正三角形というのも、何かピッタリすぎて気持ち悪い。本当にこの場所でスペースコロニーと月と地球が釣り合うことができるのであろうか？　本書では、これらの 5 つのラグランジュポイントの力学的な釣り合いを高校のベクトルを用いて考えてみよう。

8.1.2　L1 〜 L3 の条件

　最初に比較的簡単に説明できる L1 〜 L3 の 3 つの点について考えよう。この 3 つの点は地球と月を含む直線上に存在する。図 8.6 を見てほしい。月と地球、スペースコロニーの 3 つは、**月と地球の共通の重心位置を中心に回転（公転）**している。地球と月とスペースコロニーの 3 つの位置（相対位置）を一定に保つには、スペースコロニーは、重心位置を中心に月と同じ角速度で公転する必要がある。

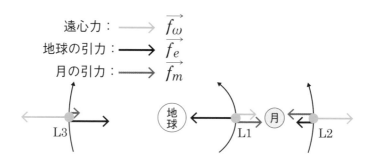

遠心力：　 $\overrightarrow{f_\omega}$
地球の引力：　 $\overrightarrow{f_e}$
月の引力：　 $\overrightarrow{f_m}$

図 8.6：ラグランジュポイント L1 〜 L3

図 8.6 に示すように、スペースコロニーが地球と月から受ける引力をベクトルで表現したものを、それぞれベクトル $\vec{f_e}$, $\vec{f_m}$ とし、スペースコロニーが自身の公転によって受ける遠心力を $\vec{f_\omega}$ とする。このとき、L1 ～ L3 では月と地球で作られる同一直線上において、この 3 つのベクトルの釣り合いを満たす点を考えればよいから、次式を満たす場所となる。

$$\vec{f_e} + \vec{f_m} + \vec{f_\omega} = \vec{0} \tag{8.1}$$

ここで $\vec{0}$ は内部の成分が全てゼロのベクトルを意味する。

引力の大きさ（ベクトル $\vec{f_e}$, $\vec{f_m}$ の大きさ）は天体とスペースコロニーの距離が大きくなると小さくなり[2]、遠心力の大きさ（ベクトル $\vec{f_\omega}$ の大きさ）は高校物理で習うように、角速度が一定なら回転中心からの距離に比例して大きくなる[3]。従って、これらを考慮すると、図 8.6 のように、同一直線上の点 L1 ～ L3 に釣り合い位置が存在することは理解できる。

ややこしいのは L4 と L5 の場所である。L4 と L5 の図形的な位置関係は、簡単に言えば、図 8.7 のように、引力と遠心力が釣り合っている点であり、それぞれ地球と月で作られる三角形の頂点の 1 つである。

そして、この L4 と L5 の点ではスペースコロニーに作用する 2 つの引力（$\vec{f_e}$ と $\vec{f_m}$）と公転による遠心力 $\vec{f_\omega}$ は釣り合い、式（8.1）を満たす。しかし、この三角形は正三角形である必要はなく、他の三角形でもいいかもしれない。そこで、次に L4 と L5 における釣り合いを解析してみよう。この内容には高校数学だけでなく、高校の物理の知識を必要とする。

8.1.3 ベクトルと物理の復習

L4 と L5 の計算を行う前に、高校の数学と物理に関することを復習しておこう。今回の解説では、数学では**内分点のベクトル表記**と**単位ベクトル**を用いる。

---

2. 後述するように、質量 m と M の物体が距離 R だけ離れていたとすると、万有引力 f は $f = G\dfrac{mM}{R^2}$ で計算される。ただし、G は万有引力定数である

3. 回転する物体の質量を m、回転中心からの距離を r、角速度を ω とすると、遠心力の大きさ f は $f = mr\omega^2$ で計算される

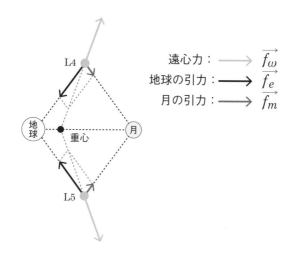

図8.7：ラグランジュポイント L4 ～ L5 の場所と力学的な釣り合い

内分点のベクトル表記と単位ベクトル

今、図8.8（a）のように、原点 O と点 A、点 B の3点が存在したとする。このとき、直線 AB を $m:n$ に内分する点 P を考える。そして、ベクトル $\overrightarrow{OP}$ をベクトル $\overrightarrow{OA}$ とベクトル $\overrightarrow{OB}$ を用いて表すと

$$\overrightarrow{OP} = \frac{1}{m+n}(n\overrightarrow{OA} + m\overrightarrow{OB}) \tag{8.2}$$

となる。

次に、**単位ベクトル**について説明しよう。単位ベクトルとは**大きさが 1 のベクトル**であり、その方向を示す基準となるものである。図8.8（b）のように、単位ベクトル $\vec{v}$ が与えられたとき、大きさが1であるので

$$|\vec{v}| = 1 \tag{8.3}$$

となる。ここで例えば、方向が $\vec{v}$ と同じで、長さが5であるベクトル $\overrightarrow{OV}$ があったとき、これを単位ベクトルを用いて

$$\overrightarrow{OV} = 5\vec{v} \tag{8.4}$$

と表すことができる。

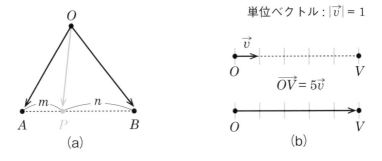

図8.8：(a) ベクトルの内分点の公式と (b) 単位ベクトルについて

次に、物理の復習をしよう。今回の解析で必要となるのは、**重心位置の計算方法**と**遠心力**と**万有引力の公式**の3つである。

重心位置と遠心力と万有引力

はじめに重心位置の計算方法を復習しよう。図8.9（a）のように A 点と B 点の位置に質量 M_A, M_B の物体が存在したとき、2つの物体の重心位置 C は直線 AB を $M_B : M_A$ に内分する点である。

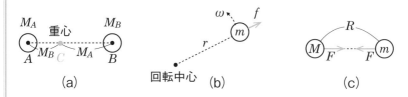

図8.9：物理の復習 (a) 重心　(b) 遠心力　(c) 万有引力

　従って、この関係と式 (8.2) の内分点のベクトル表記を用いれば、重心位置をベクトルで表記することが可能となる。

　次に、遠心力の話をしよう。図8.8 (b) のように質量 m [kg] の物体が回転中心からの距離 r [m] のところで、角速度 ω [rad/s] で円運動しているとき、物体に働く遠心力の大きさ f [N] は

$$f = mr\omega^2 \tag{8.5}$$

で表される。なお、力の単位 [N] はニュートンを意味し、1 [N] $\fallingdotseq$ 0.1 [kg 重] である。

　最後に、図8.9 (c) のように、中心間距離 R [m] のところに質量 m と M [kg] の2つの物体が存在するとき、2つの物体に発生する万有引力の大きさ F [N] は

$$F = G\frac{Mm}{R^2} \tag{8.6}$$

で表される。

　ただし、G は万有引力定数であり、$G \fallingdotseq 6.67 \times 10^{-11}$ [m³/kgs²] である。

物理の内容については、本書では上式の紹介程度に留めるが、興味のある方はぜひとも、高校の物理の教科書や参考書などを再読されることをおすすめする。

8.1.4 L4 と L5 の数学的条件

【二等辺三角形の証明】

さて、準備が整ったところで、ラグランジュポイント L4 と L5 の数学的条件を明らかにしていこう。図 8.10（a）に示すように、地球と月の位置を点 A、B とし、地球の質量を M_e、月の質量を M_m とする。スペースコロニーの位置を点 S、質量を m_s とする。ただし、M_e と M_m に比べ、m_s は極めて小さいと仮定する（M_e, $M_m >> m_s$）。この仮定は、以下のことを意味する。

「月と地球はそれぞれの万有引力に影響を及ぼし合う。コロニーは月と地球のそれぞれから万有引力の影響を受けるが、月と地球はコロニーからの万有引力を無視できる」

地球と月の共通の重心位置を点 C とすると、先ほどの高校物理の復習より、点 C の位置は点 A と点 B の間を $M_m : M_e$ に内分する点である。ただし、地球の質量は月の質量に比べて非常に大きいので、$M_m << M_e$ となり、点 C はかなり地球の中心に近い位置にある。

ここで、図 8.10（b）に示すように、スペースコロニーから地球までのベ

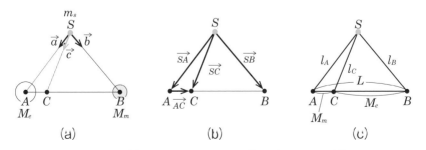

図8.10：地球、月、スペースコロニーの位置と各ベクトルの定義

クトル $\overrightarrow{SA}$、月までのベクトル $\overrightarrow{SB}$、重心位置までのベクトル $\overrightarrow{SC}$ を以下で表記できるとする。

$$\begin{cases} \overrightarrow{SA} = l_A \vec{a} \\ \overrightarrow{SB} = l_B \vec{b} \\ \overrightarrow{SC} = l_C \vec{c} \end{cases} \tag{8.7}$$

上式において $\vec{a}$, $\vec{b}$, $\vec{c}$ は $\overrightarrow{SA}$, $\overrightarrow{SB}$, $\overrightarrow{SC}$ の単位ベクトルを意味し、それぞれの大きさは 1 である。また、l_A、l_B、l_C は $\overrightarrow{SA}$、$\overrightarrow{SB}$、$\overrightarrow{SC}$ の大きさを表し、l_A はスペースコロニーから地球までの距離、l_B は月までの距離、l_C は重心までの距離を意味する。

スペースコロニーから重心までのベクトル $\overrightarrow{SC}$ に注目すると、内分点のベクトル表記の式 (8.2) より、スペースコロニーから地球までのベクトル $\overrightarrow{SA}$ と月までのベクトル $\overrightarrow{SB}$ との間に以下の関係が成り立つ（図 8.10）。

$$\overrightarrow{SC} = \frac{1}{M_e + M_m}(M_e \overrightarrow{SA} + M_m \overrightarrow{SB})$$

さらに、上式に式 (8.7) を代入して

$$l_C \vec{c} = \frac{1}{M_e + M_m}(M_e l_A \vec{a} + M_m l_B \vec{b}) \tag{8.8}$$

を得る。

次に、図 8.11 のようにスペースコロニーに作用する地球からの引力をベクトル $\vec{f_e}$ で表し、同様に月からの引力のベクトルを $\vec{f_m}$ で表す、それぞれのベクトルの大きさは式 (8.6) より、$G\dfrac{M_e m_s}{l_A^2}$, $G\dfrac{M_m m_s}{l_B^2}$ となる。また、それ

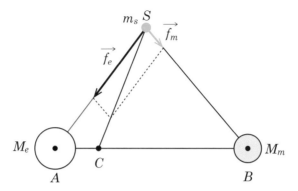

図8.11：スペースコロニーが受ける引力と地球・月の共通の重心位置の関係

それの方向の単位ベクトルは $\vec{a}$, $\vec{b}$ で表される。これらを考慮すると、ベクトル $\vec{f_e}$ と $\vec{f_m}$ は次式で表される。

$$
\begin{cases}
\vec{f_e} = G\dfrac{M_e m_s}{l_A{}^2}\vec{a} \\[2mm]
\vec{f_m} = G\dfrac{M_m m_s}{l_B{}^2}\vec{b}
\end{cases}
\tag{8.9}
$$

　スペースコロニーは地球の引力と月の引力の両方の力を同時に受けるが、スペースコロニーの公転の中心は月と地球の共通の重心位置 C だから、見かけ上、スペースコロニーは月と地球の重心位置 C の方向に引力を受けていることになる。従って、ベクトル $\vec{f_e}$ と $\vec{f_m}$ の合力はベクトル $\overrightarrow{SC}$ の方向であり、適当な係数 α を用い、さらに式（8.7）より以下が成立する。

$$
\begin{aligned}
\vec{f_e} + \vec{f_m} &= \alpha\overrightarrow{SC} \\
&= \alpha l_C \vec{c}
\end{aligned}
\tag{8.10}
$$

上式の左辺に式 (8.9)、右辺に式 (8.8) を代入すると

$$G \frac{M_e m_s}{l_A{}^2} \vec{a} + G \frac{M_m m_s}{l_B{}^2} \vec{b} = \alpha \frac{1}{M_e + M_m} \left(M_e l_A \vec{a} + M_m l_B \vec{b} \right) \quad (8.11)$$

を得る。さらに整理すると、

$$M_e \left(\frac{G m_s}{l_A{}^2} - \frac{\alpha l_A}{M_e + M_m} \right) \vec{a} + M_m \left(\frac{G m_s}{l_B{}^2} - \frac{\alpha l_B}{M_e + M_m} \right) \vec{b} = \vec{0} \quad (8.12)$$

となる。ここでベクトル $\vec{a}$ と $\vec{b}$ は式 (8.7) よりそれぞれスペースコロニーから地球までの単位ベクトルと月までの単位ベクトルである。従って、「$\vec{a} \nparallel \vec{b}$ ($\vec{a}$ と $\vec{b}$ は平行ではない)」かつ「$\vec{a} \neq \vec{0}, \vec{b} \neq \vec{0}$」であるので、式 (8.12)が成立するには次式を同時に満たす必要がある。

$$\frac{G m_s}{l_A{}^2} - \frac{\alpha l_A}{M_e + M_m} = 0 \qquad\qquad (8.13)$$

$$\frac{G m_s}{l_B{}^2} - \frac{\alpha l_B}{M_e + M_m} = 0 \qquad\qquad (8.14)$$

　今、上の 2 つの式に注目し、式 (8.13) と (8.14) を連立方程式として考える。地球の質量 M_e と月の質量 M_m、万有引力定数 G は既知とし、スペースコロニーの質量 m_s も既知としよう。すると、未知数を α, l_A, l_B の 3 つと考えることができる。

　ただし、このままでは連立方程式の数が 2 つに対し、未知数が 3 つあるため、これらの値は完全には決めることができない。今回の場合には求めたいのはラグランジュポイント L4 と L5 の位置であり、それは図 8.10 (c) よりスペースコロニーと地球の距離 l_A とスペースコロニーと月の距離 l_B の値を求める

ことに等しい。

しかし、ここでは第一段階として、まずは「l_A と l_B の長さの比（$\frac{l_A}{l_B}$）」を求めることを目的としよう。すると、未知数は α と $\frac{l_A}{l_B}$ の 2 つと考えることができる。この場合なら、未知数 2 つに対して式が 2 つあるので、それぞれの値を求めることができる。なお、今回の場合には既知とした G, M_e, M_m, m_s は計算の途中で消去されるため、具体的な値は不要である。

これを踏まえ、式 (8.13) と (8.14) で示される連立方程式を変形していこう。まずは式 (8.13) より

$$\alpha = \frac{1}{l_A{}^3} \, Gm_s(M_e + M_m) \tag{8.15}$$

が得られる。次に得られた式 (8.15) を式 (8.14) に代入すると、

$$\frac{Gm_s}{l_B{}^2} = \frac{l_B}{M_e + M_m} \frac{1}{l_A{}^3} \, Gm_s(M_e + M_m)$$

を得る。上式を整理すれば G, M_e, M_m, m_s が消えて、結果的に

$$\frac{1}{l_B{}^3} = \frac{1}{l_A{}^3}$$

となる。従って、$\frac{l_A}{l_B} = 1$ を得る。つまり $l_A = l_B$ となり、地球とスペースコロニー間の距離（l_A）と月とスペースコロニー間の距離（l_B）は等しくなり、図 8.10 において三角形 ABS は少なくとも二等辺三角形であることがわかる。

【正二角形の証明】

これまでの計算で、地球と月とスペースコロニーを頂点とする三角形

ABS は、少なくとも二等辺三角形となることは求めることができた。しかし、いまだに「正三角形」であることは示していない。

　次にさらなる条件を付加して、このことを証明しよう。この条件には重力と遠心力の釣り合いを考える。今回の問題設定では、地球・月・スペースコロニーの相対位置は変化しないまま、この3つは重心位置 C を中心に同じ角速度 ω [rad/s] で回転していることに注目する必要がある。

　ここで図 8.12 のように、新たに地球と月の距離（AB 間の距離）を L で表す。ただし、L は既知であるとする。この L を使えば、地球と重心位置の距離（AC 間の距離）は重心位置の計算より

地球と重心位置の距離（AC 間の距離）：　$\dfrac{M_m}{M_e + M_m}L$

で表現することができる。従って、式（8.5）の遠心力の公式より、地球が重心 C を中心に回転する際に受ける遠心力は以下となる。

$$\text{地球の遠心力の大きさ：}\quad M_e \frac{M_m L}{M_e + M_m}\omega^2 \tag{8.16}$$

　一方、式（8.6）に示される万有引力の公式より、地球が月から受ける引力の大きさは

$$\text{地球が月から受ける引力の大きさ：}\quad G\frac{M_e M_m}{L^2} \tag{8.17}$$

となる。ここで、地球について自分自身の回転による遠心力（式（8.16））と月から受ける引力（式（8.17））が釣り合っていることから、次式の関係を得る。

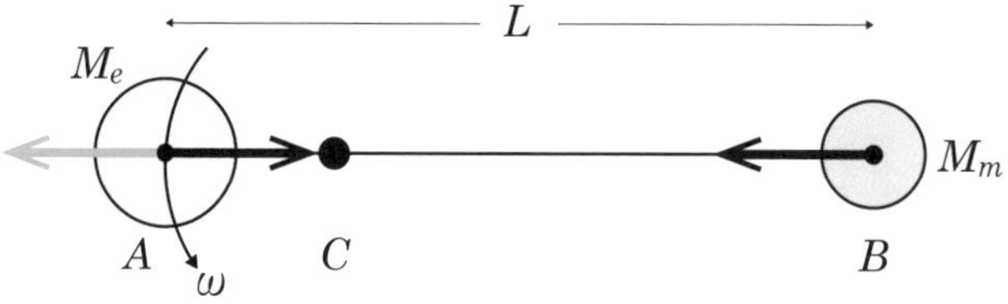

図8.12：地球の公転による遠心力と地球に作用する月からの引力の関係

$$M_e \frac{M_m L}{M_e + M_m} \omega^2 = G \frac{M_e M_m}{L^2}$$

さらに、上式をまとめると次式を得る[4]。

$$L^3 \omega^2 = G(M_e + M_m) \tag{8.18}$$

次にスペースコロニーが回転する際の遠心力と、スペースコロニーが月と地球から受ける引力の釣り合いに注目してみよう。

スペースコロニーが重心位置 C を中心に回転する際に発生する遠心力の大きさは、式（8.5）より $m_s l_C \omega^2$ で表される。この遠心力をベクトル $\vec{f_\omega}$ で表すと、図8.13より、その方向はベクトル $\vec{c}$ の逆方向で大きさが $m_s l_C \omega^2$ である。従って、ベクトル $\vec{f_\omega}$ は以下で表される。

$$\vec{f_\omega} = -m_s l_C \omega^2 \vec{c} \tag{8.19}$$

上式の ω^2 に式（8.18）の ω^2 の関係を代入すると

$$\vec{f_\omega} = -m_s l_C \frac{G(M_e + M_m)}{L^3} \vec{c} \tag{8.20}$$

4. なお、この関係式は月に加わる引力と遠心力の関係からも同じ式が導き出される

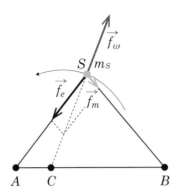

図8.13：スペースコロニーが受ける引力と遠心力の釣り合い

を得る。図8.13のように、スペースコロニーについて地球からの引力$\vec{f_e}$と月からの引力$\vec{f_m}$、自分自身の回転による遠心力$\vec{f_\omega}$の3つが釣り合っているので、これらのベクトルの釣り合いより、次式が成立する。

$$\vec{f_e} + \vec{f_m} + \vec{f_\omega} = \vec{0} \tag{8.21}$$

上式に式（8.9）と式（8.20）を代入すると

$$G\frac{M_e m_s}{l_A{}^2}\vec{a} + G\frac{M_m m_s}{l_B{}^2}\vec{b} - m_s l_C \frac{G(M_e + M_m)}{L^3}\vec{c} = \vec{0} \tag{8.22}$$

となる。これを整理して、

$$\frac{M_e}{l_A{}^2}\vec{a} + \frac{M_m}{l_B{}^2}\vec{b} - l_C\frac{M_e + M_m}{L^3}\vec{c} = \vec{0} \tag{8.23}$$

を得る。

ここで式（8.23）において、$\vec{c}$ を消去して $\vec{a}$ と $\vec{b}$ の関係を導きたい。

そこで式（8.8）を式（8.23）に代入して $\vec{c}$ を消去し、整理すると

$$\left(\frac{M_e}{l_A{}^2} - \frac{M_e l_A}{L^3}\right)\vec{a} + \left(\frac{M_m}{l_B{}^2} - \frac{M_m l_B}{L^3}\right)\vec{b} = \vec{0} \tag{8.24}$$

を得る。

さて、前節で得られた「三角形 ABS が少なくとも二等辺三角形である」という結果から $l_A = l_B$ である。従って、この関係を式（8.24）に代入すると、「$\vec{a} \not\parallel \vec{b}$」かつ「$\vec{a} \neq \vec{0}$」、「$\vec{b} \neq \vec{0}$」であるので、

$$M_e\left(\frac{1}{l_A{}^2} - \frac{l_A}{L^3}\right) = 0$$

$$M_m\left(\frac{1}{l_A{}^2} - \frac{l_A}{L^3}\right) = 0$$

を得る。ここで M_e と M_m はそれぞれ地球と月の質量であり、$M_e \neq 0$、$M_m \neq 0$ である。従って、

$$\frac{1}{l_A{}^3} = \frac{1}{L^3} \tag{8.25}$$

より、$l_A = l_B = L$ となり、結局のところ、**三角形 ABS は正三角形**となる。

少し長かったが、以上の計算より、地球と月とコロニーが同じ角速度で公転する場合には 5 つのラグランジュポイントしか存在せず、特に L4 と L5 は月と地球とスペースコロニー が正二角形となる位置に存在することが計算で確かめられた。

このようなラグランジュポイントは何も地球と月だけに限ったことではなく、「太陽と地球」や「太陽と木星」などの天体の間にも存在する。このラグランジュポイントに探査機などを配置すれば、少ないエネルギーで（相対的に）一定の位置に留まることができ、観測などには好都合である。事実、地球と太陽の間のラグランジュポイントには過去・現在・計画中を含め、様々な天体観測機などが存在するのである[5]。

8.1.5　力の釣り合いの安定性とトロヤ群

これまでの議論では、単なる力の釣り合いのみを考慮して論議してきた。しかし、この力の釣り合いの状態には、詳しく見ると２つの状態が存在する。それが**安定**か**不安定**かである。この安定性については厳密な定義が存在するが、少し難しくなるので、本書では簡単なイメージで解説しよう。

図 8.14 に示すように、２つの鉛筆の状態を考えよう。図 8.14（a）では、鉛筆の上部を指で軽くつまんで重力と指の反力が釣り合っている状態である。一方、図 8.14(b)では鉛筆の重力と手の平の反力が釣り合っている状態である。この２つは「力の釣り合い」の観点から見ると、同じ状態だと思うかもしれない。

ただし、「安定性の観点」から見ると、この２つの状態は大きく異なる。今、図 8.14（a）の鉛筆の端に外部から少し力が加わり、鉛筆の重心位置が少しだけズレたとする。しかし、この場合には、そのズレた重心位置に作用する重力が、元の状態に戻ろうとする復元力として働き、結局、元の状態に戻る。

一方、図 8.14（b）に同様に外部から少し力が加わり、鉛筆の重心位置が少しだけズレたとする。この場合では、ズレた重心位置に作用する重力の方向が、鉛筆が倒れる方向に働き、復元することなく加速度的に倒れてしまう。簡単に言えば、外部からの些細な力を受けても、復元力が働く（a）のような状態を安定といい、些細な力を受けると、どんどん元の状態から離れてしまう（b）のような状態を不安定という。

このような安定と不安定な状態を「お椀とビー玉でイメージした」のが図 8.15 である。２つともお椀の中央にビー玉があったときには、力の釣り合い

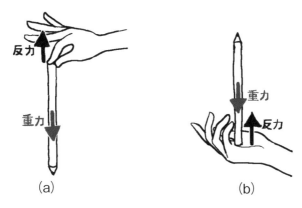

図 8.14：鉛筆による (a) 安定と (b) 不安定

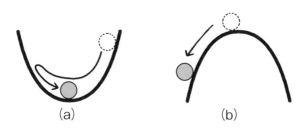

図 8.15：ビー玉とお椀の (a) 安定と (b) 不安定

としては重力とお椀の反力が釣り合っている。しかし、ビー玉に少しだけ外から力を加えられたとき、(a) は元の状態に戻ろうとするのに対し、(b) は元の状態からどんどん離れてしまう。(a) のほうが安定で、(b) のほうが不安定なのがイメージとして理解できるだろう。

さて、話を戻して、ラグランジュポイントである。確かにラグランジュポイントでは天体の引力と遠心力が釣り合っているが、問題はその安定性である。もし、図 8.15 (a) のような安定な力の釣り合いならば、ラグランジュポイントにある物体に外から小さい力が加えられたとき、微妙に力のバラン

スが崩れても、復元力が発生することで、元のラグランジュポイントに戻ることができる[6]。

一方、図8.15（b）のような不安定な力の釣り合いならば、外から小さな力が加えられ、力のバランスが崩れると、どんどん元のラグランジュポイントから遠ざかってしまって、自然に元の位置に戻ることができない。

宇宙では、例えば他の天体による引力や太陽からの放射圧[7]などの力が働いており、ラグランジュポイントの物体はこのような力の影響を絶えず受けている。肝心のラグランジュポイントの安定性であるが、細かい話はかなり複雑になるので、簡潔に結果だけをいえば、**地球と月の場合はL1 ～ L3（図8.5）では不安定**である。しかし、**L4とL5は安定**であることが知られている。

また、この安定性の関係は月と地球のラグランジュポイントだけでなく、**太陽と惑星の場合にも同様にL1 ～ L3は不安定**であり、**L4とL5は安定**であることが知られている。

先述したように、太陽と地球のラグランジュポイントにはL4，L5以外の不安定なポイントにも探査機などが存在するが、探査機は人工物であるので、このような外乱を受けた際にはスラスターを噴射するなどして自分自身の位置をコントロールし、人為的に軌道修正することが可能である。

しかし、このような機能を持つことがない小惑星などの天体では、外から受けた小さな力の影響でL1 ～ L3に留まることができず、どんどんラグランジュポイントから離れてしまう。それとは逆に、L4とL5には何かの拍子に迷いこんだ小天体が留まり続ける可能性がある。

事実、太陽と惑星におけるラグランジュポイントのうち、L4とL5付近には小惑星が集まっており、これをトロヤ群という。特に、木星のトロヤ群は有名である（図8.16）。地球や火星などのトロヤ群の小惑星が数個なのに対し、木星のトロヤ群には4000個以上の小惑星が存在することが知られている。

何とも数の多い話ではあるが、将来の資源採掘の対象として小惑星が考えられており、未来には、このような木星のトロヤ群も資源採掘の対象となる可能性がある。そういう意味では、本書で説明した数学の知識が遠い未来の

---

6. 厳密には、宇宙空間には空気抵抗がないので、完全には元の位置には戻らず、特定の運動のサイクルにおちいる。この辺の話は高校数学だけでは解説が難しい。興味のある読者は大学で習う非線形微分方程式のリミットサイクルやリアプノフの安定性理論などについて学んでほしい
7. 放射圧とは、簡単に言えば物体に光などの電磁波が当たると表面に働く圧力のことである

人たちの資源開発に役立っているとも解釈できる。

　また、トロヤ群はL4とL5にあり、いくら安定だといっても、近くに大きな天体が通過するなどして非常に強い力を受けると、L4，L5を飛び出してしまう可能性もある。そのような場合には地球に飛来して衝突する危険だってあるのだ。従って、このような場所に大きな小惑星の群れが存在することを認識し、観測しておくことが、我々が思う以上に重要なのかもしれない。

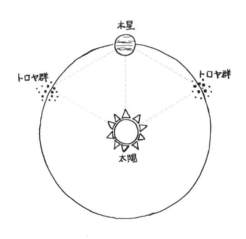

図8.16：木星のトロヤ群

8.2 宇宙エレベータへの数学応用

8.2.1 宇宙エレベータとは

　さて、宇宙のネタとして、ここまでスペースコロニーの話題を提供した。スペースコロニーは今後、現実的に建設される可能性があるが、10〜30年後くらいの未来にはまだまだ実現不可能だと思われる。実際に建設されるとしても、50年後や100年後くらいの、もう少し先の未来になるだろう。

　やはり、地球と月のラグランジュポイントL1，L5にスペースコロニーの資材を地球から直接運搬するのは、非現実的であろう。妥当な考えとしては、

まずは月に宇宙基地を作り、それを足がかりにして、より遠くの宇宙開発に
乗り出すのがいいであろう。

　しかし、仮に月に基地を作るにしても、月にまで人や物資を運搬するのも
大変である。地球からある程度の物資が月に運ばれれば、あとは月の基地で
現地の資源や人材を使って様々なものを月で製造することも可能になるが、
初期の段階では、ある程度の物資は地球から月まで直接運搬しなくてはなら
ない。

　このようなとき、いちいち地球からロケットを打ち上げて、大気圏外に人
や物資を運搬するのは非常にコストがかかり、効率的ではない。今日主流の
燃料を燃焼させて推進力を得るロケットは、2018年の試算で、大気圏外に
物資を運ぶ輸送コストが1kgあたり100万円程度かかるといわれている。

　また、たくさんの資材を運搬する場合、排出される燃焼ガスによる環境問
題も発生する。今後、技術が進歩して多少はロケットの打ち上げコストが下
がるかもしれないが、やはり根本から運用の形式を変えていかないと、大規
模なコスト削減にはつながらない。

　ロケットの代用方法として、いくつかの方法が検討されているが、その1
つが図8.17に示す**宇宙エレベータ**である。別名、**軌道エレベータ**ともいう。

　地球の静止軌道上に宇宙基地を配置すると、地球の自転と同じスピードで
公転することで、地球からの引力と公転の遠心力が釣り合って、地球から見
ると基地が見かけ上静止している状態となる。宇宙エレベータはその基地か
ら地球に向かってテザー（ロープのようなもの）を垂らし、このテザーを伝っ
てエレベータを上下させ、地上と宇宙基地を行き来する方法である。

　この方法ならば、電力を使ってエレベータを動かすことができる。従って、
大気圏外にある宇宙基地の周辺などに太陽光パネルを設置して太陽光発電を
すれば、エレベータを駆動させるモータの電力をまかなうことができ、環境
にも優しい。そして、資材を宇宙基地までエレベータで運んでしまえば、そ
こでは地球の重力（引力）は十分に小さくなっているので、そこから月まで
物資を運搬するのは比較的容易となる。

　このような宇宙エレベータの概念は、実は100年以上前から存在していた。

図8.17：宇宙エレベータのイメージ図　©kinoshita shinichiro/nature pro./amanaimages

　その後、何人かの研究者が宇宙エレベータについて研究したが、当時はあくまでも SF に極めて近い話題であった。しかしながら、1975 年にジェローム・ピアソンという人が詳細な計算を行い、テザーに必要な強度を計算した。テザーに働く重力は引力と遠心力の合力である。引力は地球表面では大きく、上に行くほど小さくなる。一方、遠心力はその逆の特性を持つ。仮にエレベータの質量の影響を無視したとし、テザーのみを考えたとしても、テザーは連続体なので、テザー全体に重力が働く。そして、テザーの強度が弱い場合には、テザー自体の重量で途中で切断されてしまう。

　ジェローム・ピアソンの計算した数値によると、当時の科学技術では、地球表面から衛星軌道上まで伸びたテザー自身を支えることが可能な素材は存在しなかった。1975 年当時でもこの宇宙エレベータは夢物語であったのである。しかしその後、カーボンナノチューブなどの新素材が開発され、それらはテザーに必要な強度にどんどん近づいている。

　いまだ完全にテザーに必要な強度を持つ素材は開発されてはいないが、このまま新素材が開発され続けていけば、あともう少しで宇宙エレベータのテザーに必要な強度を持った新しい素材が開発されそうな勢いである。以上の理由から、今、宇宙開発において宇宙エレベータの実現性が増し、最も熱い

トピックの1つとなっているのである。

　これらの現状を踏まえ、近年ではアニメなどのSFで宇宙エレベータがこれまで以上に登場している[8]。

　このテザーに必要な強度計算を詳細かつ厳密に行うのは、かなり難しい。ただし、最低限必要な大まかな計算は高校数学と高校物理でも理解できるので、この宇宙エレベータのテザーに必要な強度について考えてみよう。

8.2.2　問題設定

　工業用のワイヤケーブルなどは、細い線（鉄線、鋼線）を編み込むことで柔軟性と強度を増しており、宇宙エレベータのテザーにもこのような編み込み加工を施したワイヤケーブルを使うことは可能である。しかし、このようなワイヤケーブルは強度の計算が難しい。

　ここでは話を簡略化するために、テザーは単純に断面が円状の**細い丸い棒**であると仮定する。ただし、パイプのように空洞ではなく、中身は一様に材料が詰まっている丸い棒とする。これは針金やピアノ線のようなモノをイメージしてもらえればわかりやすいだろう。

　今回対象とする宇宙エレベータの概要を図8.18に示す。地球の赤道上の上空に宇宙基地が存在し、地球の周りを地球の自転と同じ方向に同じスピード（角速度）で公転しているとする。その際、地表からの距離は変化せず、宇宙基地から地表まで一様の太さを持つ丸棒のテザーが垂らされているとする。今回はテザーの自重による強度のみに着目し、エレベータの存在は無視する。宇宙基地の衛星軌道の外側にカウンターウェイト（釣り合いをとるための重り）が存在する場合も想定されるが、今回の場合にはカウンターウェイトは存在しないものとする。

　地表面から高さ L のところに宇宙基地が存在し、点 Q の位置でテザーと結合されている。ここでテザーの断面積を A [m²]、密度を ρ [kg/m³] とする。一般的に材料は、引張方向の力を受けると断面積が小さくなり、全長が伸びるが、話を簡単にするために、このような伸びは発生せず、断面積 A も密

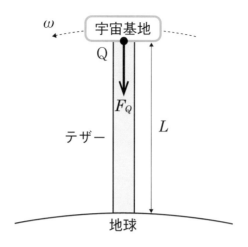

図8.18：宇宙エレベータのモデル図

度 ρ も一定と仮定する。また、風など影響はなく、テザーには地球とともに回転する際の遠心力と地球からの引力のみが作用するものとする。

　以上の仮定のもとに仮想的なテザーを想定し、宇宙基地とテザーの結合点 Q にかかる「テザーの自重と遠心力の合力 F_Q」の大きさを求め、その点 Q においてテザーに必要な強度を求めてみよう。もちろん、テザーは接合点 Q から地上まで垂らされているため、その途中で切れてしまう可能性もあるが、今回は話を簡単にするために、接合点 Q の強度のみに注目する。

　テザーにかかる地球からの引力は地上表面から離れれば離れるほど小さくなり、遠心力は距離が離れるほど大きくなる。そして、このテザー自身にかかる力は地表部分から宇宙部分まで連続的に分布して生じるので、少しややこしい。しかし、こんな問題でも積分のテクニックを使うことで計算が可能となる。

　ただし、本章での計算は**かなりザックリとした計算**であるので、現実に即した詳細な計算に比べ精度が劣るのはご理解いただきたい。

8.2.3 テザーの微小区間に影響する力

今、図 8.19 に示すように、地上から高さ l [m] のところのテザーにある微小幅 dl [m] を持つ、薄い円盤状のカタマリの部分を考える。ただし、$0 \le l \le L$ とする。この微小幅の部分的なテザーの体積は Adl であり、さらに密度 ρ の関係より、この部分の質量を dm とすれば次式が与えられる。

$$dm = \rho A dl \tag{8.26}$$

まず最初に、テザーの微小部分にかかる地球からの**引力の影響**を考えよう。この高さ l にある微小部分の質量 dm に作用する地球からの引力を f_l^g とする。スペースコロニーの解説で利用した万有引力の公式 (8.6) を思い出そう。図 8.19 より、地球の半径を R としたとき、この微小部分と地球中心との距離は $R + l$ であることから、式 (8.6) より微小部分に加わる引力 f_l^g は次式で与えられる。

$$f_l^g = G \frac{M_e dm}{(l + R)^2}$$

ただし、G は万有引力定数、M_e は地球の質量とする。式 (8.26) を上式に代入して

$$f_l^g = G \frac{M_e \rho A}{(l + R)^2} dl \tag{8.27}$$

を得る。

次に**遠心力の影響**について考えよう。高さ l にある微小部分の質量 dm に作用する遠心力の大きさを f_l^ω とすれば、遠心力 f_l^ω は式 (8.5) より次式となる。

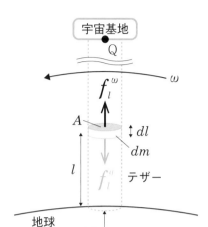

図8.19：テザーの微小幅に作用する力

$$f_l^\omega = (l + R)\omega^2 dm$$

さらに、上式に式（8.26）を代入して、

$$f_l^\omega = (l + R)\omega^2 \rho A dl \tag{8.28}$$

を得る。

　引力は地球の中心方向に働き、遠心力はその逆の方向に働くことを考慮すれば、式（8.27）と（8.28）より、地上から距離 l にあるテザーの微小幅 dl に作用する引力と遠心力の合力 f_l（下向き）は次式となる。この合力 f_l が微小幅 dl に作用する重力である。

$$f_l = f_l^g - f_l^\omega$$
$$= \rho A \left(\frac{GM_e}{(l+R)^2} - (l+R)\omega^2 \right) dl \qquad (8.29)$$

ただし、ここでは地球の中心に向かう方向を正としている。

8.2.4 テザーの根元の点 Q に作用する力

　仮想的なテザーが切れないとし、このテザーによって宇宙基地の付け根である点 Q に作用する重力（引力と遠心力の合力）を求めてみよう。点 Q にかかる力を F_Q とすると、F_Q はテザーの微小幅 dl にかかる力を距離 l について $0 \le l \le L$ の区間で蓄積させたものだから、式（8.29）に積分を用いて、

$$F_Q = \rho A \int_0^L \left(\frac{GM_e}{(l+R)^2} - (l+R)\omega^2 \right) dl$$
$$= \rho A \left(GM_e \int_0^L \frac{1}{(l+R)^2} dl - \omega^2 \int_0^L (l+R) dl \right) \qquad (8.30)$$

で表現される。これを計算していくと、結果として式（8.36）を得る。ただし、少し計算が複雑なので計算過程を以下にまとめておく。計算過程に興味のない読者は式（8.36）までスキップしていただいて構わない。

式（8.30）から式（8.36）への導出

　式（8.30）の右辺を計算する上で、必要な 2 つの部分を計算しよう。1つめは $\int_0^L \frac{1}{(l+R)^2} dl$ であり、もう 1 つは $\int_0^L (l+R) dl$ である。

　まずは、前者から計算しよう。高校数学の積分の公式として以下を思い出そう。

積分の公式（C は積分定数とする）

・x^a の積分 $(a \neq -1)$：

$$\int x^a \, dx = \frac{1}{a+1} x^{a+1} + C \qquad (8.31)$$

・置換積分：$f(x)$ に対し、$x = g(z)$ と置けば

$$\int f(x) \, dx = \int f(g(z)) \frac{dx}{dz} dz \qquad (8.32)$$

以下では上の2つの公式を用いて説明する。

ここで一般的な

$$\int \frac{1}{(x+b)^2} dx$$

の計算を考えてみよう。ここで $z = x + b$ と置き、新たに関数 $g(z) = z - b$ を定義すれば $x = g(z) = z - b$ となる。さらに $x = g(z)$ を z で微分すると $\frac{dx}{dz} = 1$ である。従って、式（8.32）の置換積分と積分の公式（8.31）より、以下を得る。

$$\int \frac{1}{(x+b)^2} dx = \int \frac{1}{z^2} \frac{dx}{dz} dz = \int z^{-2} dz = -z^{-1} + C$$
$$= -\frac{1}{x+b} + C \qquad (8.33)$$

この式（8.33）を用いることで、$\int_0^L \frac{1}{(l+R)^2}\,dl$ は以下のように計算できる。

$$
\begin{aligned}
\int_0^L \frac{1}{(l+R)^2}dl &= -\left[\frac{1}{(l+R)}\right]_0^L \\
&= -\frac{1}{L+R} + \frac{1}{R}
\end{aligned}
\tag{8.34}
$$

次にもう1つの必要な計算である $\int_0^L (l+R)dl$ の計算をすると

$$
\int_0^L (l+R)dl = \left[\frac{1}{2}l^2 + Rl\right]_0^L = \frac{L^2}{2} + RL
\tag{8.35}
$$

を得る。

従って、式（8.34）と（8.35）を式（8.30）に代入して式（8.36）を得る。

結果として、式（8.30）は以下のように書き直すことができる。

$$
F_Q = \rho A\left\{GM_e\left(-\frac{1}{L+R} + \frac{1}{R}\right) - \omega^2\left(\frac{L^2}{2} + RL\right)\right\}
\tag{8.36}
$$

この式がテザー上端の点 Q に作用する重力である。上式にテザーの素材に関する物理的な値（密度 ρ や断面積 A など）と地球に関する物理的な値（質量 M_e や半径 R など）を代入することで、宇宙基地とテザーの接合点 Q にかかる力 F_Q を求めることができる。

さて、計算では切れることのない仮想的なテザーを想定しているが、問題は「接合点 Q にこの力 F_Q が作用しても、切断されることのないテザーの材

料が存在するか？」という点である。そこで、上式を元に、実在する材料の
物理的な値を代入して、必要な強度に耐えうるか調べてみよう。

一般に今回のような丸い棒状の部品を引っ張る場合、その部品が引張力で
切断されるかしないかは、その部品に作用する断面の**単位面積あたりの力を**
計算する[9]。そして、その作用する断面の単位面積あたりの力が、その部品
の材料の持つ強度より小さければ切断されない。逆に、材料の持つ強度より
大きければ切断されてしまう。従って、今回の場合でも接合点 Q に作用す
る力 F_Q の断面の単位面積あたりの力を求め、その値と実在する材料の強度
を比較することで、切断されるかされないかが判断できる。

今、テザー断面の単位面積あたりの力を σ_Q とし、上式の F_Q を断面積 A で割っ
て $\sigma_Q = \dfrac{F_Q}{A}$ を求めると

$$
\begin{aligned}
\sigma_Q &= \frac{F_Q}{A} \\
&= \rho \left\{ GM_e \left(-\frac{1}{L+R} + \frac{1}{R} \right) - \omega^2 \left(\frac{L^2}{2} + RL \right) \right\}
\end{aligned} \tag{8.37}
$$

となる。ここで密度 ρ は材料に依存する値であるが、それ以外は全て地球に
関する物理的なパラメータであり、以下で数値が与えられる（計算しやすい
ように、適当に四捨五入している）。

- 万有引力定数：$G = 6.7 \times 10^{-11}$ [m³/kgs²]
- 地球の質量：$M_e = 6.0 \times 10^{24}$ [kg]
- 地球の半径：$R = 6.4 \times 10^{6}$ [m]
- 地球の自転の角速度：$\omega = 7.3 \times 10^{-5}$ [rad/s]

地球の表面から衛星軌道までの距離については、いくつかの資料を参考に

- $L = 3.6 \times 10^{7}$ [m]

とした。これらの値を式（8.37）に代入すると、結局、以下となる。

9. このような単位面積あたりの力を応力ともいい、引っ張る場合に生じる応力を引張応力という。
このような強度計算は大学の機械・土木・建築分野などの学科で習う

$$\sigma_Q = \rho \times 4.9 \times 10^7 \ [\text{N/m}^2] \tag{8.38}$$

先述したように ρ は密度であり、テザーに利用する材料によって異なる。そして、ここでのポイントは、「**現存する材料がこの単位面積あたりの引張力 σ_Q に耐えることができるか？**」という点である。

主要な材料における、密度 ρ と、その材料が耐えうる単位面積あたりの引張力（引張強度 σ_{MAX}）を示したものが表 8.1 である。温度などの周囲の条件によっても左右されるので、あくまでも目安と考えてもらいたい。

これらの材料の密度 ρ の値を実際に代入して、各材料をテザーとして使用した際に点 Q に作用する単位面積あたりの引張力 σ_Q は以下のようになる。

【各材料の点 Q に作用する単位面積あたりの引張力 σ_Q の値】
アルミ： $\sigma_Q = 132300 \times 10^6$
ジュラルミン： $\sigma_Q = 137200 \times 10^6$
タングステン： $\sigma_Q = 945700 \times 10^6$
鉄（炭素鋼 S45C）： $\sigma_Q = 382200 \times 10^6$
カーボンナノチューブ： $\sigma_Q = 63700 \times 10^6$

表 8.1：現在存在する主要な材料の密度と引張強度

材料	密度 ρ [kg/m³]	引張強度 σ_{MAX} [N/m²]
アルミ	2.7×10^3	100×10^6
ジュラルミン	2.8×10^3	$440 \sim 590 \times 10^6$
タングステン	19.3×10^3	3700×10^6
鉄（炭素鋼 S45C）	7.8×10^3	800×10^6
カーボンナノチューブ	1.3×10^3	80000×10^6

　これだと少し比較しにくいので、各材料の耐えうる単位面積あたりの引張力との比較のため、「$\dfrac{\sigma_Q}{\sigma_{\text{MAX}}}$」を計算して比較してみよう。**この値が 1 未満であれば切断が起こらず、宇宙エレベータのテザーとして利用できるのである。**

【各材料の $\dfrac{\sigma_Q}{\sigma_{\text{MAX}}}$ の値】

　アルミ：1323
　ジュラルミン：274（$\sigma_{\text{MAX}} = 500$ として計算）
　タングステン：256
　鉄（炭素鋼 S45C）：478
　カーボンナノチューブ：0.80

以上より、他の材料が軒並み 1 以上で、テザーとして利用不可能なのに対し、カーボンナノチューブのみが 1 未満となり、点 Q で切断されないことがわかる。

　以上の説明では、かなりザックリとした計算で理想的な数値や他に考慮すべき重要な点を無視しているので、この値だけで直ちに宇宙エレベータが実現可能と判断することはできない。しかし、カーボンナノチューブの登場で、宇宙エレベータがかなり現実味を帯びていることが理解できるだろう。
　ちなみに、実際の宇宙エレベータのテザーは風の影響などを考慮して、地球上の基地はある程度動けるほうがよい。そこで、図 8.20 のように地球上の基地は海に浮かべることが考えられている。近い将来、といってもおそらく何十年後のオーダーだと思うが、海上に浮かんだ基地からエレベータに乗って宇宙空間に移動する方法が実現している可能性が十分高いのである。

図8.20：宇宙エレベータの地球上の基地イメージ図
©VICTOR HABBICK VISIONS/SCIENCE PHOTO LIBRARY/amanaimages

第 9 章

級数の極意

いよいよ最終章となった。本章では、高校数学で習う級数の使い道について考えてみよう。級数とは、「一定のルールで表現された数の列」を「加算していく」ものである。特に無限の個数を足していく場合には、無限級数ともいわれる。例えば簡単な例として以下のものがある。

$$1+2+3+4+5+\cdots+n+\cdots \tag{9.1}$$

$$\frac{1}{2}+\frac{1}{4}+\frac{1}{8}+\frac{1}{16}+\cdots+\frac{1}{2^n}+\cdots \tag{9.2}$$

高校数学では、級数についての概念や値の収束・発散について習うが、本書ではこれを拡張し、実社会で非常によく利用されているテーラー級数、フーリエ級数の基礎とその応用例について解説しよう。

9.1 合体・変形の極意で変幻自在の関数…テーラー級数

9.1.1 テーラー級数とは

はじめに、テーラー級数について解説しよう。テーラー級数は大学で習うものであるが、とにかく社会の様々なところに利用されているため、「数学の使い道を知る」という点では非常によいネタである。若干難易度が高いかもしれないが、高校数学を使ってできるだけ簡単に説明していこう。

ものすごく簡単に言えば、テーラー級数とは、ある関数 $f(x)$ が与えられたとき、その関数は各項が $f(x)$ の微分した値を係数に持つ n 次関数であるような無限級数で表すことができるというものである[1]。

「何を言っているのか全く理解できない……」などと思う読者がいると思われるが、こういうときは意外にも数式で書いたほうがわかりやすい。そこで、上の説明を数式で説明しよう。

図9.1 (a) に示されるような変数 x に関する関数 $f(x)$ があるとする。このとき、x 軸上に基準となる α 点（$x = \alpha$）があるとき、関数 $f(x)$ は以下の無限級数で表現できる。

$$f(x) = f(\alpha) + a_1(x - \alpha) + a_2(x - \alpha)^2 + a_3(x - \alpha)^3$$
$$+ \cdots + a_n(x - \alpha)^n + \cdots \tag{9.3}$$

ここで、a_i（$i = 1, 2, \cdots$）は係数である。この係数の計算で微分を使うのだが、少し複雑になるので後で説明するとして、今は無視しよう。

とにかく、式（9.3）は「一定のルールで表現された数字の列」を「加算していく」ものであり、**無限級数**となっている。α の値は基準となる点であり、図9.1 (b) のように、ある程度は自由に選べる[2]。

上式において $\alpha = 0$ とすれば、式（9.3）はさらに簡単になり[3]、次のように表すことができる。

---

1. これが成立するには条件があるが、本書では省略する
2. ただし、後述するように、各係数は基準となる α の値によって変化する
3. $f(x)$ が $x = 0$ で値を持つような関数である場合に限定する。例えば $f(x) = \dfrac{1}{x}$ の場合には $f(0)$ が計算できない

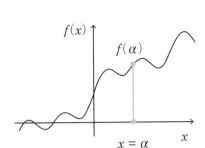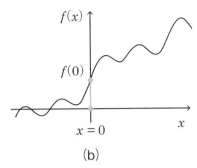

図9.1：関数 $f(x)$ と基準点 α

$$f(x) = f(0) + a_1 x + a_2 x^2 + a_3 x^3 + \cdots + a_n x^n + \cdots \tag{9.4}$$

重要なので再度強調したいが、

「一般に関数 $f(x)$ は x, x^2, x^3, $\cdots$ など、x の n 乗からなる無限級数で表すことが可能である」

ということがポイントなのである。この級数のことをテーラー級数といい、関数 $f(x)$ をテーラー級数として表すことをテーラー展開という[4]。

式 (9.3) の係数 a_i ($i = 1$, 2, 3, $\cdots$) について説明しよう。係数 a_i には例えば、$a_1 = 2$, $a_2 = 5$ などのように数値が入るのであるが、この係数の値は何でもいいわけではなく、テーラー展開ではある特定のルールによって計算される。

この係数の計算には微分を用いる。具体的には関数 $f(x)$ が与えられ、式 (9.3) のようにテーラー展開した際の、各係数 a_i は次式で与えられる。

4. テーラー展開で $\alpha = 0$ とした式 (9.4) のことを特にマクローリン展開と呼ぶ

$$a_1 = \frac{1}{1!}\frac{df(x)}{dx}\Big|_{x=\alpha}$$

$$a_2 = \frac{1}{2!}\frac{d^2f(x)}{dx^2}\Big|_{x=\alpha}$$

$$a_3 = \frac{1}{3!}\frac{d^3f(x)}{dx^3}\Big|_{x=\alpha}$$

$$\vdots$$

$$a_n = \frac{1}{n!}\frac{d^nf(x)}{dx^n}\Big|_{x=\alpha}$$

$$\vdots \tag{9.5}$$

　上式において、"！"は高校数学で習う**階乗**であり、例えば5！の場合ならば5！＝5×4×3×2×1となる。また、"$|x=\alpha$"は、あらかじめ関数$f(x)$をxで微分しておいた$\frac{df(x)}{dx}$や$\frac{d^2f(x)}{dx^2}$などに、$x=\alpha$の値を代入することを意味する。従って、式(9.4)のように$\alpha=0$の場合には、$\frac{df(x)}{dx}$や$\frac{d^2f(x)}{dx^2}$などに$x=0$を代入した値である。いずれにしても、このa_iは変数ではなく、具体的に何らかの数値を持つ係数であることに注意が必要である。

　このテーラー展開が成立するにはいくつかの条件を満たす必要がある。例えば、係数a_iを求めるには、関数$f(x)$をxで無限回に微分する必要がある。この際、微分した値がゼロでもかまわないが、少なくとも無限回の微分が可能であることが条件の1つとなる。その他にも条件が存在するが、本章では話が複雑になるので、以下ではこれらの条件を満たし、関数$f(x)$がテーラー展開できて式(9.3)もしくは式(9.4)のように表記できるものとして話を進める。

　テーラー展開では、複雑な関数でも$(x-\alpha)^n$（$n=0,1,2,\cdots$）に何らかの数値を掛けたものの足し算で表現できることを表しているが、理論的には級数を無限にすること、つまり$n=\infty$まで加算することで式(9.3)（もしくは式(9.4)）の左辺と右辺が完全に一致することになる。

　ただし、基準となる$x=\alpha$の付近では、一般にnが大きくなるにつれてx^nの影響力は小さくなる。例えば、$n=1$の$(x-\alpha)$に比べてnの大きい

$(x-\alpha)^5$ や $(x-\alpha)^{10}$ などの影響力は小さくなる。そこで、実際には無限級数ではなく有限の n を用いて、近似式として利用することが多い。このような近似を行う場合には、基準となる $x=\alpha$ 周辺で関数 $f(x)$ の近似精度が高くなる。逆にいえば、近似式を用いる領域を $x=\alpha$ の付近に限定することで、精度の高い近似式を利用することができる。そして n を有限として近似した場合を n 次近似という。例えば、$n=3$ で近似すれば3次近似という。「n をいくつに設定したらいいか？」という問題はあるが、多くの場合には $n=1\sim3$ くらいで近似する場合が多い。一般には n を大きくすれば近似精度は高くなるが、当然だが高次の項が増えれば計算が複雑になる。

例えば、$\alpha=0$，$n=1$ として $f(x)$ を近似した場合では

$$f(x) \fallingdotseq f(0) + a_1 x \tag{9.6}$$

となり、$n=3$ まで用いた場合には

$$f(x) \fallingdotseq f(0) + a_1 x + a_2 x^2 + a_3 x^3 \tag{9.7}$$

と近似できる。

このようなテーラー級数を用いた関数の近似は、現在、様々な分野で用いられている。科学技術は当然であるが、経済学などにおいても複雑な計算式を簡略化するときに用いられているのである。

9.1.2 テーラー展開を用いた sin の近似例

読者の中には、「本当に複雑な関数が、単なる x^2 や x^3 などに係数を掛けたものの足し算で近似できるのか？」と疑問に感じる人もいるだろう。そこで $f(x)=\sin x$ を例に、実際に n の値を変化させてグラフを描いてみよう。簡単にするため基準点 α を $\alpha=0$ として、$x=0$ の付近で $f(x)=\sin x$ を近似する。従って式 (9.4) を用いる。ここでは $n=1$，3，5 と3つの n の値を用意し、n が大きくなると近似式がどのような形に変わっていくかを考え

てみよう。

　はじめに $f(0)$ と、式（9.5）より係数 $a_1 \sim a_5$ を計算しておく。

$$
\begin{aligned}
f(0) &= \left. f(x) \right|_{x=0} = \left. \sin x \right|_{x=0} = 0 \\
a_1 &= \left. \frac{1}{1!} \frac{d \sin x}{dx} \right|_{x=0} = \left. \cos x \right|_{x=0} = 1 \\
a_2 &= \left. \frac{1}{2!} \frac{d^2 \sin x}{dx^2} \right|_{x=0} = \left. -\frac{1}{2} \sin x \right|_{x=0} = 0 \\
a_3 &= \left. \frac{1}{3!} \frac{d^3 \sin x}{dx^3} \right|_{x=0} = \left. -\frac{1}{3 \times 2} \cos x \right|_{x=0} = -\frac{1}{6} \\
a_4 &= \left. \frac{1}{4!} \frac{d^4 \sin x}{dx^4} \right|_{x=0} = \left. \frac{1}{4 \times 3 \times 2} \sin x \right|_{x=0} = 0 \\
a_5 &= \left. \frac{1}{5!} \frac{d^5 \sin x}{dx^5} \right|_{x=0} = \left. \frac{1}{5 \times 4 \times 3 \times 2} \cos x \right|_{x=0} = \frac{1}{120}
\end{aligned}
$$

　これらの微分は単に $\sin$ と $\cos$ の微分を繰り返すだけなので、容易に計算できるだろう。以上の値を考慮して、$\sin x$ の近似式は $n = 1$, $n = 3$, $n = 5$ のとき、以下で示される。

・$n = 1$ のとき：　$\sin x \; \fallingdotseq f(0) + a_1 x \; = x$

・$n = 3$ のとき：　$\sin x \; \fallingdotseq f(0) + a_1 x + a_2 x^2 + a_3 x^3 = x - \dfrac{1}{6} x^3$

・$n = 5$ のとき：　$\begin{aligned}[t] \sin x \; &\fallingdotseq f(0) + a_1 x + a_2 x^2 + a_3 x^3 + a_4 x^4 + a_5 x^5 \\ &= x - \frac{1}{6} x^3 + \frac{1}{120} x^5 \end{aligned}$

　う〜ん……いくら近似式とはいえ、あの $\sin$ の式がこんな単純な式で近似できるのだろうか？　ここは百聞は一見にしかずである。これらの近似した $\sin$ を実際にグラフにしたものが図 9.2 である。

　確かに、$n = 1$ のときには直線であり、$x = 0$ 付近のかなり近い場所でし

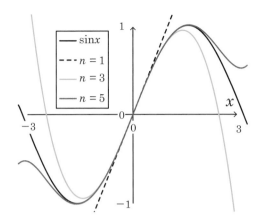

図9.2：テーラー展開を利用した sin の近似のグラフ

か近似が成り立っていなかったが、x^n の n が大きくなるにつれ、だんだん
と精度が上がっているのがわかるだろう。今回の例では、単に $n = 5$ までの
近似式であったが、テーラー展開では n を無限大にすることにより、完全
にもとの式 $f(x) = \sin x$ と一致するようになる。興味がある人は実際にエク
セルなどの表計算ソフトのグラフ作成機能を使って自分で確かめてみるとよ
いだろう。

　ところで、この $y = \sin x$ の例で $n = 1$ とした近似式を考えれば、
$\sin x \fallingdotseq x$ となる。図9.2のように $x = \alpha$（この場合では $\alpha = 0$）近くに限定
すれば、sin を計算するのに単に $y = x$ を計算すればよく、非常に簡単に計
算できることは容易に理解できよう。高校物理で、$y = \sin x$ の $x = 0$ 近くで
の近似として、$\sin x \fallingdotseq x$ と習うのは、このテーラー展開の結果なのである。

　このテーラー展開の概念を少し強引にたとえるなら、図9.3のように、ア
ニメに登場するスーパーロボットの合体ロボットに似ている。合体ロボット
ではそれぞれのパーツを構成するメカ（戦闘機）が合体してロボットに変形
する。ここで戦闘機は x や x^3 などを意味し、それらが合体して元々のロボッ
トを構成するのである。

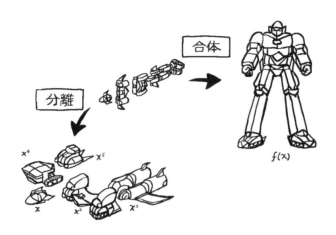

図9.3：テーラ展開のイメージ図：合体ロボットが合体！パーツメカが x や x^2

9.1.3　テーラー展開の使い道1（利子の計算）

　先ほどの例では、$y = \sin x$ でテーラー展開による近似を説明した。しかし、この例だけではいまいちテーラー展開の使い道がわからない。本書のコンセプトは、使い道のわからない数学が、実際にどのように社会に活かされているかを説明することである。そこでもう少し、実際の社会生活に関係ある例を説明していこう。

　実際のテーラー展開の使い道としては、複雑な計算を簡単な式で近似するために用いる。近似の精度が十分ならば、いくらコンピュータの計算処理が速くなった現代でも、やはり計算が簡単で楽なほうがよいからである。

　さて、応用例として**お金の話**をしよう。経済の話題であるが、お金が儲かるなどの 邪 な話題のほうがテンションが上がるものである。読者の皆さんの中にも、お金持ちになりたい人は多いだろう。私もそうである。自分が持っているお金を増やす方法はいろいろあるが、その1つが投資や定期預金などである。

例えば定期預金では、我々は銀行などの金融機関にお金を預けておく（預金）、金融機関はその集めたお金を運用してさらにお金を稼ぎ[5]、儲かったお金の一部を投資者に還元する。これが利子（利息）となる。定期預金では例えば2年間などの期間を決めて預金するので、普通預金に比べて利子を多くもらえる[6]。

ここでは、複利方式でお金を増やすことを考える。複利方式とは、元本[7]に対し、それによって得られた利子を次の期間の預金や投資に組み込み、それにより次の期間は元本だけでなく前の利子分にも利子をつけて、雪だるま式にお金を増やす方法である。預金と投資は厳密には異なるが、以下の説明では「投資」という言葉を用いて説明する。

今、ここに100万円があったとして、年利（年間の利子の割合）が q ％とし、複利方式で投資を行うことを想定する。この場合では、1年後に得られるお金は

$$100万 + \left(100万 \times \frac{q}{100}\right) 円$$

になる。次の年はこの金額を投資に回すので、2年後には

$$\left(100万 + (100万 \times \frac{q}{100})\right) + \left(100万 + (100万 \times \frac{q}{100})\right)\frac{q}{100} 円$$

となる。次の年はさらにこの金額に利息がかかるわけであるが、複利方式の投資において、「何年後に元本がいくらに増えているか」という計算は長期の投資になればなるほど、計算が難しくなる。そこで、このような複利方式の投資において、有名な **72の法則** がある。

5. 例えば、第三者にお金を貸し付けて、利息を得るなど
6. そのかわり、解約しない限り、預金を下ろすことができない
7. 最初に預けるお金

> ### 72の法則
>
> 　年利 q ％ の複利方式で投資した場合、そのお金が元本の 2 倍になる
> のに必要な**大まかな年数** (s) は以下で示される※。
>
> $$s = \frac{72}{q} \tag{9.8}$$
>
> ※ただし、利息にかかる税金は考慮していない。日本の場合には利息に対し、概ね 20% 程度
> の税金がかかる

　この法則に従えば、例えば年利が 6 ％ ならば、元本が 2 倍になる期間は
$72 \div 6 = 12$（年）、年利が 12％ ならば $72 \div 12 = 6$（年）といった具合に
計算できる。

　ここまでの話では、暗黙の了解で元本が減らないものと想定しているが、
実際の投資はそんなに甘いものではない。元本が減る場合も考えられる。例
えば 100 万円を 1 年間投資して、利息が 8 万円になったとしても、元本の
100 万円が減って 90 万円になれば、合計は 98 万円になり、最初に預けた
100 万円から減っている。このような状態を元本割れという。つまり、「投
資したが、その結果、損をした状態」である。元本割れは株や投資信託など、
多くの場合に起こりえるリスクである。定期預金でさえ、銀行が破綻すれば
元本割れは起こりえる。
　一般には年利が高ければ元本割れの危険性が大きく、ハイリスク・ハイリ
ターンとなる。一方、年利が小さければ元本割れの危険性は小さく、ローリ
スク・ローリターンとなる。従って、投資の際には、リスクとリターンのバ
ランスを考えるのが重要となる。そこで、72 の法則を使うことで、自分の
投資のリターンが大まかに計算でき、人生設計などに役立てることが可能な
のである。

この 72 の法則は非常に有名な法則であり、投資の初心者の本などではよく見かける。もちろん大まかな計算なので、これは近似であり、実際には少し誤差が生じる。実は、この 72 の法則はテーラー展開によって導出できる。式 (9.8) で示される非常に簡単な割り算であるが、実は実際に導出するのはそれなりに難しい。しかし、本書ではせっかくなので実際に計算してみよう。

今、元本が a 円としたとき、s 年経った後の金額は以下の通りである。

$$1\,\text{年目} \quad : \quad a + \frac{aq}{100} = a\left(1 + \frac{q}{100}\right)$$

$$2\,\text{年目} \quad : \quad a\left(1 + \frac{q}{100}\right) + a\left(1 + \frac{q}{100}\right)\frac{q}{100} = a\left(1 + \frac{q}{100}\right)^2$$

$$3\,\text{年目} \quad : \quad a\left(1 + \frac{q}{100}\right)^2 + a\left(1 + \frac{q}{100}\right)^2\frac{q}{100} = a\left(1 + \frac{q}{100}\right)^3$$

$$\vdots$$

$$s\,\text{年目} \quad : \quad a\left(1 + \frac{q}{100}\right)^{s-1} + a\left(1 + \frac{q}{100}\right)^{s-1}\frac{q}{100} = a\left(1 + \frac{q}{100}\right)^s$$

従って、s 年後に元本 a 円が 2 倍になるとき、$2a = a\left(1 + \frac{q}{100}\right)^s$ より次式を満たす。

$$2 = \left(1 + \frac{q}{100}\right)^s \tag{9.9}$$

ここでの目的は式 (9.9) をもとに、テーラー展開を用いてこの式の近似式を求め、式 (9.8) を導くことである。

さて、式（9.8）を導くうえで、指数・対数の計算が必要になるので、以下に復習としてまとめておく。

指数・対数の公式

$a > 0$, $a \neq 1$, $c > 0$ に対し以下の式が成立するとき、

$$a^b = c \tag{9.10}$$

上式は次の対数の式に変形できる。

$$b = \log_a c \tag{9.11}$$

また、$\log_a c$ に対し、以下が成立する（底の交換公式）。

$$\log_a c = \frac{\log_d c}{\log_d a} \tag{9.12}$$

ただし、$d > 0$ かつ $d \neq 1$ である。

ネイピア数 $e = 2.71828\cdots$ を底とする自然対数の関数 $\log_e x$ に対して、それを x で微分した導関数は以下で示される。

$$\frac{d}{dx} \log_e x = \frac{1}{x} \tag{9.13}$$

9.1.4 72 の法則の計算

式 (9.9) に対し、式 (9.10) と式 (9.11) の関係を用いると、

$$s = \log_{(1+\frac{q}{100})} 2 \tag{9.14}$$

を得る。上式に式 (9.12) の関係を利用し、log の底を自然対数の底 e にとり直すと

$$\begin{aligned} s &= \log_{(1+\frac{q}{100})} 2 \\ &= \frac{\log_e 2}{\log_e (1 + \frac{q}{100})} \end{aligned} \tag{9.15}$$

となる。上式の分子の $\log_e 2$ について、関数電卓やエクセルなどを使って計算してみると、$\log_e 2 \fallingdotseq 0.7$ であることがわかる。問題は分母の $\log_e \left(1 + \frac{q}{100}\right)$ の計算である。これをテーラー展開の級数を使って、近似計算してみる。

先述したように、一般的にテーラー展開では、式 (9.3) もしくは (9.4) において、$n = \infty$ で元の関数と完全に一致する[8]。しかし、先ほどの三角関数 sin の例で示したように、n を有限個とすることで関数を近似できる。その際、$n = 1$ や $n = 2$ 程度でも、適用する範囲を限定すれば、ほどほどの精度で近似できる場合もある。ここでは、あくまでも利子の計算を「暗算で一発で計算できるような簡単な式」に近似したいので、$n = 1$ として 1 次近似を用いよう。式 (9.15) の分母の式は金利 q（%）の関数であるから、関数 $f(q)$ を用いて

$$f(q) = \log_e \left(1 + \frac{q}{100}\right) \tag{9.16}$$

とおき、$f(q)$ の近似をテーラー展開で求める。テーラー展開をするうえで

8. ただし、くどいようだがテーラー展開を適用できる条件を満たすときである

の基準点を $q = 0$ とする。

近似をする場合には、金利 q がこの基準点に近いほど、近似精度が上がる。今回の場合には金利 q は数％、多くても 10％くらいとすれば、十分な精度で近似できそうである。

基準点 $q = 0$ より、式 (9.4) を用いる。今したいのは 1 次近似であるから、式 (9.4) は以下のように近似できる。

$$f(q) \fallingdotseq f(0) + a_1 q \tag{9.17}$$

まずは右辺第 1 項 $f(0)$ を計算しておこう。これは $f(q)$ に $q = 0$ を代入した値であるから、

$$\begin{aligned} f(0) = f(q)|_{q=0} &= \log_e\Big(1 + \frac{q}{100}\Big)\Big|_{q=0} = \log_e 1 \\ &= 0 \end{aligned} \tag{9.18}$$

となる。

次に右辺第 2 項を計算するのだが、それには係数 a_1 の計算が必要となる。この計算は少し複雑になるので、以下の囲みに記載する。結果だけ知りたい人は以下の囲みは飛ばしてもらってもかまわない。

式 (9.17) の右辺第 2 項の係数 a_1 の計算

a_1 を求めるには、式 (9.5) より、式 (9.16) の $f(q) = \log_e\Big(1 + \frac{q}{100}\Big)$ の微分 $\dfrac{df(q)}{dq}$ を求めておく必要がある。計算を簡単にするために

$$R = 1 + \frac{q}{100}$$

とおいて、合成関数の微分を用いて計算しよう。Rを用いることで、$\frac{df(q)}{dq}$ は以下で計算できる。

$$\frac{df(q)}{dq} = \frac{df(q)}{dR} \cdot \frac{dR}{dq}$$

$$= \frac{d\log_e R}{dR} \cdot \frac{d\left(1 + \frac{q}{100}\right)}{dq} \tag{9.19}$$

ここで、式（9.13）より

$$\frac{d\log_e R}{dR} = \frac{1}{R}$$

$$= \frac{1}{1 + \frac{q}{100}}$$

$$= \frac{100}{100 + q}$$

また、

$$\frac{d\left(1 + \frac{q}{100}\right)}{dq} = \frac{1}{100}$$

であるから、これらの関係を式（9.19）に代入すれば、

$$\frac{df(q)}{dq} = \frac{1}{100 + q}$$

を得る。従って u_1 は式（9.5）より

$$a_1 = \frac{1}{1!} \frac{df(q)}{dq}\bigg|_{q=0} = \frac{1}{100}$$

となる。

以上より

$$a_1 = \frac{1}{100} \tag{9.20}$$

が得られる。従って、式（9.18）と（9.20）を式（9.17）に代入すると

$$f(q) = \log_e\left(1 + \frac{q}{100}\right) \fallingdotseq \frac{q}{100} \tag{9.21}$$

を得る。

計算が長いので、念のため思い出すと、今回の計算の目的は「式（9.15）の近似式を求める」ことである。そこで、式（9.21）の結果と $\log_e 2 \fallingdotseq 0.7$ を式（9.15）に代入すると

$$s \fallingdotseq \frac{0.7}{\frac{q}{100}} = \frac{70}{q} \tag{9.22}$$

となる。さらに 70 の代わりに 70 に近い数字で、より割り切れる数（約数）の多い 72 と置き換えれば[9]、暗算などで計算しやすくなるので、式（9.22）のさらに近似で以下を得る。

9. 70 の約数が 1 と 70 を除いて 6 個なのに対し、72 の場合は 1 と 72 を除いて 10 個となる

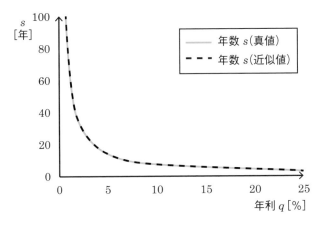

図 9.4：金利の問題（72 の法則）の真値と近似値の比較

$$s \fallingdotseq \frac{72}{q} \tag{9.23}$$

　この近似式（9.23）と元々の式（9.15）を比較したグラフが図 9.4 である。年利が 25 %程度までなら、かなり精度よく近似できているのがわかるだろう。

　普通の投資では、元本割れの恐れがあるリスクの高い場合でも年利 q は 10 % 未満がほとんどである。多くの場合には、

「元本保証で年利 q が 10 % を超えれば、詐欺を疑ったほうがよい」

とも言われている。元本割れを起こさない定期預金ならば 2020 年現在、高くても年利 q は 0.01 〜 0.2 % 程度である。従って、q は大きく見積もっても 10 程度であり、この範囲ならば十分に実用的な近似である。

　以上が有名な「72 の法則」の解説であるが、同様の法則に元本が 3 倍になるまでの年利と年数の関係を示す「115 の法則」というものがある。これ

も同様に近似式ではあるが、年利 q [%] としたとき、年数 s を知るのに以下の式を用いるものである。

$$s = \frac{115}{q} \tag{9.24}$$

115 の法則の詳細の計算については省略するが、72 の法則と同様の手法で計算できる。このように、日々の生活で我々が何となく用いている数式にもテーラー展開を利用したものが多いのである。

9.1.5　テーラー展開の使い道2（ミサイルの追撃）

本書では、もう1つテーラー展開の応用例を紹介しよう。先ほどの金利の例とは少し趣が異なるとは思うが、次の例はミサイル防衛の話である。国家にとって大きな使命の1つ、国民の生命と財産を守ることである。

日本の防衛問題において、要の1つとなるのがミサイル防衛である。他国のミサイル基地などから日本に向けてミサイルが打ち込まれたとき、敵ミサイルが本土に到着して被害を及ぼす前に、反対に日本本土から迎撃ミサイルを発射し、この迎撃ミサイルを敵ミサイルにぶつけて破壊する。湾岸戦争でイラクからイスラエルに向けて発射されたスカッドミサイルを撃ち落としたパトリオットミサイルや、日本の防衛を担うイージス艦やイージス・アショアによるミサイル防衛などが有名である。

また、類似のものとして、敵の戦闘機が国土に飛来した際に、地上の本土基地から発射した地対空迎撃ミサイルを [10]、戦闘機に誘導して迎撃するような防衛システムも存在する。例えば、2014年7月にマレーシアの旅客機が、何者かによって発射された地対空ミサイルによりウクライナ上空で撃墜された事件が記憶に新しい [11]。このとき発射された地対空ミサイルの射程は最大で30km程度といわれており、一方の旅客機は通常、高度約10kmを時速1000kmで飛行する。この事件では、地対空ミサイルは30kmの遠方から、

---

10. 地対空とは地上からミサイルを発射し、空中のターゲットを打ち落とすことを意味する。同様に「地対地」「空対地」「空対空」という言葉がある
11. 「地対空ミサイルで撃墜された」と書いたが、厳密には、地対空ミサイルで撃墜された「可能性が高い」と表現するほうがいいかもしれない。この犯行はテロリストやロシア軍によるものなどと言われているが真相は不明である

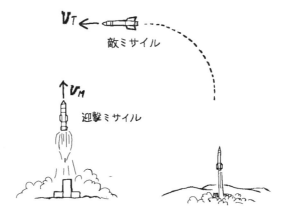

図 9.5：ミサイル迎撃のイメージ

地上 10km の高さを時速 1000km で高速移動する飛行機を撃墜した可能性も
ある[12]。

　ミサイルにせよ、飛行機にせよ、空中を高速で移動している飛行物体に迎
撃ミサイルを当てるには、ミサイルの発射後に、進行方向をリアルタイムに
変更し、その軌道を操作する必要がある。このミサイルの自動追尾の仕組み
にテーラー展開が使われている（ものもある）。実際に運用されている迎撃
ミサイルの仕組みは非常に複雑であるが、話を簡単にするために、図 9.5 の
ような状況を考えよう。
　今、地上に向かって攻撃用のミサイルが飛来しているとする。この攻撃用
のミサイルを敵ミサイルと呼ぼう。この敵ミサイルを空中で破壊するために
地上の基地から迎撃ミサイルを発射した。そして、ある瞬間に図 9.6 の左図
のような状況になったとする。このときを基準時刻とし、時刻 $t = 0$ [s] とする。
　点 A は $t = 0$ [s] における敵ミサイルの位置であり、点 B は迎撃ミサイル
の位置とする。このとき、敵ミサイルは水平に右から左に速度 $v_T(t)$ [m/s] で
移動していたとする。ただし、速度 $v_T(t)$ は風や空気抵抗など、様々な影
響で一定ではなく、時刻 t の変化に伴い、絶えず変化している。

12. ただし、今回の事件でどの程度の距離からミサイルが発射されたかの詳細は不明である

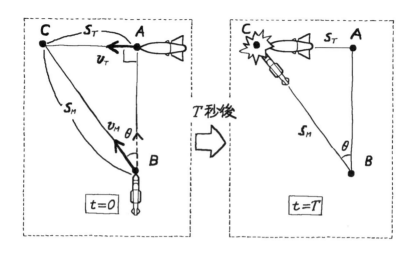

図9.6：敵ミサイルと迎撃ミサイルの図形的関係

　一方、迎撃ミサイルは地上から発射後に下から上へ速度 v_M [m/s] で移動し、基準時刻 $t = 0$ [s] において、図9.6（左）のように敵ミサイルの真正面に位置し、2つのミサイルの進行方向は直交しているとする。話を簡単にするために、**迎撃ミサイルの速度 v_M は一定とする**（ただし、後述するように進行方向は変えられるものとする）。

　このとき、図9.6（左）のように迎撃ミサイルの進行方向の角度を θ とし、この θ の値はコントロールできるものとする。**目的は、迎撃ミサイルの進行方向 θ をコントロールし、T 秒後の $t = T$ [s] に点 C の地点で敵ミサイルに体当たりし、破壊することである。**話を簡略化するために、$t = 0$ の時点で三角形 ABC は直角三角形だと仮定する。ここで、A 点から C 点までの距離を S_T [m]、B 点から C 点までの距離を S_M [m] とする。

　今、迎撃ミサイルや地上基地のレーダーにより、敵ミサイルの速度 $v_T(t)$ は計測可能とする。B 点と C 点の距離 S_M [m] は、目標とする迎撃の時刻を $t = T$ [s] と決めれば、迎撃ミサイルの速度は一定で v_M であるから、速度に時間を掛けて、

$$S_M = v_M T \tag{9.25}$$

で計算できる。

　さて、ここでの問題は、迎撃ミサイルの進行方向の角度 θ を決定することである。そのためには、図 9.6（右）のように、T 秒間にターゲットが進む距離 S_T がわかれば、

$$\sin \theta = \frac{S_T}{S_M} = \frac{S_T}{v_M T} \tag{9.26}$$

となる。従って上式に第 2 章で説明した三角関数の逆関数の 1 つである arcsin を用いることで、角度 θ は

$$\theta = \arcsin \frac{S_T}{v_M T} \tag{9.27}$$

と計算できる。v_M は一定値であり、T は自分で決める値である。従って、目的である θ を決めるには、距離 S_T がわかればよい。ただし、飛行中の敵ミサイルは空気抵抗や風の影響などを受け、同じ速度で運動しているわけでない。このため T 秒後の距離 S_T を高精度に推定するのは、簡単ではない。一方、迎撃ミサイルの速度は自分たちの兵器なので、ミサイルに搭載されたセンサや基地のレーダー情報からミサイルをコントロールして、一定速度 v_M を実現することが可能である。

　従って、信頼性の高い迎撃を行うには、いかに高い精度で式（9.27）の S_T を推定するかがカギとなる。一見すると、移動距離 S_T は敵ミサイルの速度 $v_T(t)$ と移動時間 T を掛け合わせ、$S_T = v_T(t) T$ で求めることができると思うかもしれないが、先述したように敵ミサイルの速度 $v_T(t)$ は一定ではな

い。従って、移動距離を求めるには、第4章3.1節で説明した積分を用いて求める必要がある。今回の場合には、積分を用いると

$$S_T = \int_0^T v_T(t)dt \tag{9.28}$$

で求めることは可能となる。しかし、この方法では「撃墜時間の時刻 T ギリギリまで $v_T(t)$ を計測しないと、時刻 $t = 0$ のコントロール角度 θ を決定できない」という矛盾が生じる。

　ここでいよいよテーラー展開の登場である。時刻 $t = 0$ の段階で、この距離 S_T の近似をテーラー展開によって求めるのである。ここでは $n = 3$ で3次近似を用いよう。距離 S_T は時間 t によって変化する関数 $S_T(t)$ であることから、時刻 $t = 0$ を基準とした近似として、式（9.7）に代入して以下を得る。

$$S_T(t) \fallingdotseq S_T(0) + a_1 t + a_2 t^2 + a_3 t^3 \tag{9.29}$$

　上式において $S_T(0)$ は $t = 0$ における距離 S_T であるので $S_T(0) = 0$ である。また、係数 $a_1 \sim a_3$ は式（9.5）より今回の場合は以下となる。

$$
\begin{aligned}
a_1 &= \left. \frac{1}{1!} \frac{dS_T(t)}{dt} \right|_{t=0} \\
a_2 &= \left. \frac{1}{2!} \frac{d^2 S_T(t)}{dt^2} \right|_{t=0} \\
a_3 &= \left. \frac{1}{3!} \frac{d^3 S_T(t)}{dt^3} \right|_{t=0}
\end{aligned}
$$

　ここで、a_1 の $\dfrac{dS_T(t)}{dt}$ は距離 $S_T(t)$ を時間 t で微分した速度であり、a_2 の $\dfrac{d^2 S_T(t)}{dt^2}$ は距離 $S_T(t)$ を時間 t で2回微分した加速度、さらに a_3 の $\dfrac{d^3 S_T(t)}{dt^3}$ は距離 $S_T(t)$ を時間 t で3回微分したものであり、ジャークと呼ばれる物理量

である[13]。

　従って、時刻 $t = 0$ における敵ミサイルの速度、加速度、ジャークの値をそれぞれ V, A, J とすれば，式 (9.29) より、時刻 $t = T$ における距離 $S_T(T)$ は次式で与えられる。

$$S_T(T) \fallingdotseq VT + \frac{1}{2}AT^2 + \frac{1}{6}JT^3 \tag{9.30}$$

　敵ミサイルの時刻 $t = 0$ における速度、加速度、ジャークの値（V, A, J）は地上基地のレーダーにより計測できるため、その値を用いればよい。結局、式 (9.30) を式 (9.27) に代入することで、時刻 $t = T$ 秒後にターゲットを撃墜したいときの角度 θ は、近似式として以下で与えられる。

$$\theta \fallingdotseq \arcsin \frac{VT + \frac{1}{2}AT^2 + \frac{1}{6}JT^3}{v_M T} \tag{9.31}$$

　従って、このテーラー展開とレーダーより計測されたデータを用いて進行方向の角度 θ をコントロールすることで、迎撃ミサイルは空中を移動する敵ミサイルを撃墜できるのである。

　今回の例では、かなり簡単に説明したが、当然、実際のミサイル防衛はこんなに簡単ではない。しかし、その基礎はこのような数学（と物理）で成り立っている。我が国の防衛にも、高校数学は必要不可欠なのである。
　余談であるが、このようにミサイルなどをコントロールするものを射撃管制システム（fire control system）、通称 FCS という。戦後日本において宇宙ロケット開発の第一人者となった糸川英夫博士（1912–1999 年）は、太平洋戦争中にこのようなミサイル誘導の研究をしていたという。

---

13. ジャークは単位時間あたりの加速度の変化を表す。加加速度、躍度とも呼ばれる

9.2 フーリエ級数のお話

9.2.1 フーリエ級数展開とは

　次は、フーリエ級数の話をしよう。フーリエ級数の実用度は極めて高く、実社会の多くの分野で用いられている。フーリエ級数も先ほどのテーラー級数と同様に大学で習うことではあるが、こちらも本質は高校数学でも十分に理解可能である。ここから、話題がテーラー展開とは大きく変わるので、頭の中を白紙に戻して読み進めていただきたい。

　今、周期 T の関数 $f(x)$ があったとする。周期 T の関数 $f(x)$ とは、図 9.7 のように特定の周期 T で同じ形になる関数であり、$f(x) = f(x + T)$ となる。例えば、sin や cos も周期 2π の関数である。このような関数を**周期関数**という。

　さて、ここからが本題だ。結論からいえば、このような周期関数 $f(x)$ は、次式のように無限級数で表現することができる [14]。

$$f(x) = \frac{a_0}{2} + \left(a_1 \cos \frac{2\pi}{T} x + b_1 \sin \frac{2\pi}{T} x \right) + \left(a_2 \cos \frac{2\pi}{T} 2x + b_2 \sin \frac{2\pi}{T} 2x \right) +$$

$$\cdots + \left(a_n \cos \frac{2\pi}{T} nx + b_n \sin \frac{2\pi}{T} nx \right) + \cdots$$

$$= \frac{a_0}{2} + \sum_{n=1}^{\infty} \left(a_n \cos \frac{2\pi nx}{T} + b_n \sin \frac{2\pi nx}{T} \right) \tag{9.32}$$

ただし、a_0, a_n, b_n $(n = 1, 2, 3, \cdots)$ は係数であり、

$$a_0 = \frac{2}{T} \int_0^T f(x) dx \tag{9.33}$$

$$a_n = \frac{2}{T} \int_0^T f(x) \cos \frac{2\pi nx}{T} dx \tag{9.34}$$

$$b_n = \frac{2}{T} \int_0^T f(x) \sin \frac{2\pi nx}{T} dx \tag{9.35}$$

---

14. 厳密にいえば、式 (9.32) を満たすには関数 $f(x)$ に条件があるが、一般的な関数の多くはこの条件を満たすため、以下では暗黙の了解でこの成立条件を満たすものとする

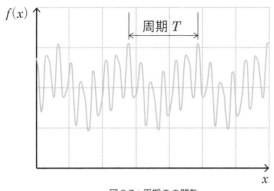

図9.7：周期 T の関数

で表される。ここで、式（9.32）の右辺は $n = 0$ から $n = \infty$ へと無限に続く無限級数であり、式（9.32）を**フーリエ級数**といい、関数をフーリエ級数で表すことを**フーリエ級数展開**、もしくは単に**フーリエ展開**という。

式（9.32）において、a_0，a_1，a_2, … と b_1，b_2, … は単なる係数である。これらの係数は式（9.33）〜（9.35）で計算できるのであるが、今はあまり難しく考えることなく、例えば $a_1 = 1.2$ とか $b_1 = 0.8$ とかそんな感じの単なる係数と考えても差し支えはない。結局、このフーリエ級数が言いたいことは、

「周期 T の関数 $f(x)$ は sin と cos の足し算で表記することが可能である」

ということである。

さて、このフーリエ展開は、前節で紹介したテーラー展開と少し似ている。テーラー展開の場合は必ずしも $f(x)$ は周期関数でなくてもよく、また、関数 $f(x)$ を x，x^2，x^3，… のような x の n 乗の足し算で表現した。また、その係数は $f(x)$ の導関数 $\dfrac{df(x)}{dx}$，$\dfrac{d^2f(x)}{dx^2}$，… により求められた。

一方、フーリエ展開の場合には、対象の関数は周期関数に限定され、sin と cos の足し算で表現される。また、その係数は $f(x)$ と sin と cos とを掛けた関数を積分して求められる[15]。両者とも $n \to \infty$ とすると完全な $f(x)$ と一致する。そして、有限個の n で止めて近似式として利用する場合には、

---

15. ただし、実際には周期関数という制約はそれほど大きな問題にならない。後述するように、非周期関数でも周期を ∞ と考えることで対応できる

一般に n が大きければ大きいほど、より精度の高い近似となる。

　三角関数の sin と cos も周期関数なので、それをたくさん足し算させて周期関数 $f(x)$ が作られるというのは、イメージとしてはわからなくもない。では実際に、フーリエ級数の例を見てみよう。ここでは方形波について考えてみよう。方形波は矩形波とも呼ばれ、図 9.8（a）のような凸凹形状をした周期関数であり、1 周期で値が 1 と −1 をとり、それを繰り返す。

　この関数は一般には以下の数式で示される（今回は周期 $T = 2\pi$ とする）。

$$f(x) = \begin{cases} -1 & 2k\pi < x \leqq (2k+1)\pi \\ 1 & (2k+1)\pi < x \leqq (2k+2)\pi \end{cases} \qquad (9.36)$$

　ただし、k は整数である。このままだと少しわかりにくいので、上式において $k = 0$ として 1 周期分（$0 < x \leqq 2\pi$）のみを抜き出して記述すると以下のようになる。

$$f(x) = \begin{cases} -1 & 0 < x \leqq \pi \\ 1 & \pi < x \leqq 2\pi \end{cases}$$

　さて、このカクカクの方形波が本当に sin と cos からなる式（9.32）の級数で表現できるのであろうか？

　それでは、実際にこの方形波をフーリエ展開しよう。まずは式（9.32）の各係数 a_0, a_n, b_n を求めてみよう。これらの計算は高校数学の知識でも十分に理解できるが、少し計算が退屈である。そこで、次の囲みにその計算を記述しておくが、先を急ぐ人や、退屈な計算に興味のない読者は飛ばしてもらってもかまわない。

方形波のフーリエ展開における係数 a_0，a_n，b_n の計算

まずは a_0 を求めよう。周期 $T = 2\pi$ であるから式 (9.33) と式 (9.36) より

$$
\begin{aligned}
a_0 &= \frac{2}{T}\int_0^T f(x)dx \\
&= \frac{1}{\pi}\int_0^{2\pi} f(x)dx \\
&= \frac{1}{\pi}\left(\int_0^{\pi} -1\,dx + \int_{\pi}^{2\pi} 1\,dx\right) \\
&= -\frac{1}{\pi}[x]_0^{\pi} + \frac{1}{\pi}[x]_{\pi}^{2\pi} \\
&= -\frac{1}{\pi}\pi + \frac{1}{\pi}\pi \\
&= 0
\end{aligned}
$$

を得る。次に a_n を計算しよう。

$$
\begin{aligned}
a_n &= \frac{2}{T}\int_0^T f(x)\cos\frac{2\pi nx}{T}dx \\
&= \frac{1}{\pi}\int_0^{2\pi} f(x)\cos nx\,dx \\
&= \frac{1}{\pi}\left(\int_0^{\pi}(-1)\times\cos nx\,dx + \int_{\pi}^{2\pi} 1\times\cos nx\,dx\right) \\
&= -\frac{1}{\pi}\left[\frac{1}{n}\sin(nx)\right]_0^{\pi} + \frac{1}{\pi}\left[\frac{1}{n}\sin(nx)\right]_{\pi}^{2\pi} \\
&= -\frac{1}{\pi}0 + \frac{1}{\pi}0 \\
&= 0
\end{aligned}
$$

最後に b_n は、

$$
\begin{aligned}
b_n &= \frac{2}{T}\int_0^T f(x)\sin\frac{2\pi nx}{T}dx \\
&= \frac{1}{\pi}\int_0^{2\pi} f(x)\sin nxdx \\
&= \frac{1}{\pi}\left(\int_0^{\pi}(-1)\times\sin nxdx + \int_{\pi}^{2\pi}1\times\sin nxdx\right) \\
&= -\frac{1}{\pi}\left[-\frac{1}{n}\cos(nx)\right]_0^{\pi} + \frac{1}{\pi}\left[-\frac{1}{n}\cos(nx)\right]_{\pi}^{2\pi} \\
&= \frac{1}{n\pi}\Big(\cos(n\pi)-1\Big) - \frac{1}{n\pi}\Big(1-\cos(n\pi)\Big) \\
&= -\frac{2}{n\pi} + \frac{2}{n\pi}\cos(n\pi) \tag{9.37}
\end{aligned}
$$

ここで、$\cos(n\pi)$ は n が偶数のとき $\cos(n\pi)=1$ であり、奇数のときは $\cos(n\pi)=-1$ となる。従って、$\cos(n\pi)=(-1)^n$ と表せる。これを踏まえ、式 (9.37) は次式のように変形できる。

$$
\begin{aligned}
b_n &= -\frac{2}{n\pi} + \frac{2}{n\pi}\cos(n\pi) \\
&= -\frac{2}{n\pi}\big(1-(-1)^n\big)
\end{aligned}
$$

以上より、これらの係数は以下となる。

$$
a_0 = 0 \tag{9.38}
$$

$$
a_n = 0 \tag{9.39}
$$

$$
b_n = -\frac{2}{n\pi}\big(1-(-1)^n\big) \tag{9.40}
$$

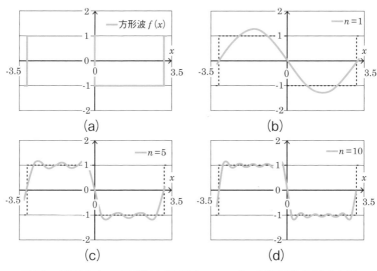

図9.8：方形波の sin の足し算による近似（−π < x ≦ π の範囲で抜き出したもの）

式（9.38）〜（9.40）を式（9.32）に代入すれば、式（9.36）の方形波 $f(x)$ は以下のようにまとめることができる。

$$f(x) = \sum_{n=1}^{\infty} b_n \sin nx$$

$$= \sum_{n=1}^{\infty} \left(-\frac{2}{n\pi}(1-(-1)^n) \sin nx \right)$$

$$= -\frac{4}{\pi} \sin x - \frac{4}{3\pi} \sin 3x - \frac{4}{5\pi} \sin 5x \cdots \tag{9.41}$$

従って、この方形波は sin の足し算で表現されることがわかる。

では、本当にこの方形波が sin の足し算で表現されているのか実際に確かめてみよう。先述したように式（9.41）の n が無限大にまで増加すれば完全

に方形波に一致するが、n が有限の場合には、一般に n の値が増えれば増えるほど、関数の形状が方形波に近づいていく。

図 9.8 に式（9.41）における $n = 1$，$n = 5$，$n = 10$ の場合の関数を示す。確かに n を増やすことで、本来の関数である方形波に近づいていることがわかるだろう。

フーリエ展開では，周期関数 $f(x)$ を sin と cos の足し算によって表現できる。n を無限大にしていくことで、sin と cos のみによって完全な関数を表現できるのであるが、先述したように n が有限の場合でも、ほどほどの精度で元の関数 $f(x)$ を近似できることも多い。

9.2.2　フーリエ展開の実用例

このフーリエ展開は、我々の生活に関わる多くの技術で用いられているが、読者の皆さんが最も直接的に体験できる例の 1 つがテレビゲーム機のコントローラだろう。

テレビゲームにおいて、重要な要素の 1 つが臨場感である。例えば、プレイステーション 4 ではゲームに没入することができるヘッドマウントディスプレイが発売されている。このようなテレビゲームにおいては、画面のキレイさだけでなく音や振動によって臨場感を高めることが重要となる。この音や振動にフーリエ展開が関係してくる。

ここでは、振動について説明しよう。最近のテレビゲーム機のコントローラには、振動機能が標準で搭載されているものが多い。簡単にいえば、ゲームのプレイ中にドアを開ける動作を行った場合には、ドアの「ギ〜」という音とともに、その「ギ〜」というきしみがコンローラから振動として発生し、プレーヤーがその振動を感じることで臨場感が増すというものである。ドアだけでなく、爆発や足音などの振動を表現できたりもする。

代表的なゲームコントローラを分解したイメージが図 9.9 である。この場合では、コントローラには異なるおもりをつけたモータが複数内蔵されている。コントローラに内蔵されたモータの軸が回転すると、軸に固定されたおもりが回転する。ただし、このおもりの重心は回転軸上になく、軸が回転することで重心が移動し、振動が生じるのである。図 9.9 のように、異なる複

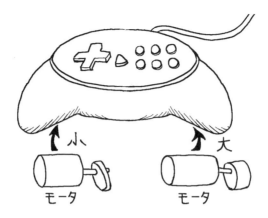

図 9.9：コントローラの振動機能のイメージ

数のおもりとモータを使用することで、簡単に言えば大きな振動や小さな振動など複数の振動を実現できる。

　ここで話を簡単にするためゲームコントローラ内部には、大小 2 つのおもりを持つ、A と B の 2 つのモータがあるとしよう。また、モータの軸回転によって生じる振動は縦方向と横方向が合成されて 2 次元的に生じるのだが、簡略化するために縦方向の振動のみを考える。

　また、モータの軸は常に一定の角速度で回転しているとし、時刻 $t = 0$ における軸角度 θ を $\theta = 0$ とする。また、それぞれのモータ軸の回転周期を T_A, T_B [s] とする。このとき、A と B の 2 つのモータが回転することによってコントローラに生じる縦方向の力、f_A と f_B は sin で変化し、具体的には以下のようになる。

$$\text{モータ A の力（振動による力）：} \quad f_A = b_A \sin \frac{2\pi}{T_A} t \tag{9.42}$$

$$\text{モータ B の力（振動による力）：} \quad f_B = b_B \sin \frac{2\pi}{T_B} t \tag{9.43}$$

ここで、係数 b_A と b_B は軸の周期とおもりの質量などによって決まる値であ

る。上式では時刻 t が増加すれば、sin が -1 から $+1$ の間で周期的に変化する。従って、これらの力 f_A, f_B が組み合わさった力がコントローラに周期的な振動を与える。コントローラ全体に与える力を f とすれば、

$$\text{全体の力：} \quad f = f_A + f_B = b_A \sin \frac{2\pi t}{T_A} + b_B \sin \frac{2\pi t}{T_B} \tag{9.44}$$

となる。このようにそれぞれのモータの振動を組み合わせることで、これまでのフーリエ級数の説明にあるように、より複雑な周期関数を生み出すことができるのである。今回の場合には、2つのモータはそれぞれに一定の周期 T_A, T_B を考えたが、回転の加速による作用反作用の力を考慮すれば、さらに複雑な振動が実現できる。また、当然であるが、モータ数を増やせば、より多くの振動を同時に発生させることができ、合成される振動もより複雑になる。

逆に言えば、例えばゲーム内での爆発やドアのきしみなど、ゲーム中にコントローラに発生させたい振動があったとして、その周期関数 $f(t)$ をあらかじめ決めておく。次に、それをフーリエ展開して近似し、それらを組み合わせることで、コントローラに目的の振動に似た振動を発生させることも可能である。

2017年に発売された Nintendo Switch のコントローラに搭載された HD振動も、基本的にはこのような振動合成理論に基づいて振動を生成している。ただし、当然であるがその他の最先端技術も組み合わせている。例えば、今回の例はモータの軸回転で振動させるものだったが、最新のものは振動そのものを発生するデバイス（振動アクチュエータ）を使用しており、これまでのゲームコントローラより微細な振動を表現することができ、ゲーム中の臨場感がさらに増している。

9.2.3 スペクトル解析の基礎

さて、意外にも三角関数と級数がゲームコントローラの振動に関係がある
ということで、少し数学に親近感を持った人も多いだろう。次の話題も親近
感を増す話題かもしれない。それはデジタル音楽プレーヤの話題である。デ
ジタル音楽プレーヤのデータ形式はたくさんあるが、最も標準的なデータ形
式である MP3 について解説する。MP3 形式の音楽を再生できる MP3 プレー
ヤは普通のスマートフォンやパソコンなどに標準で搭載されている。

MP3 の詳細の話に入る前に、先ほどのフーリエ展開の話を拡張して**スペ
クトル**の解説をしておこう。式（9.32）では、ある関数 $f(x)$ が与えられた
とき、これをフーリエ展開すると次式となることを説明した。

$$f(x) = \frac{a_0}{2} + \sum_{n=1}^{\infty} \left(a_n \cos \frac{2\pi nx}{T} + b_n \sin \frac{2\pi nx}{T} \right)$$

上式において、a_n と b_n はそれぞれ対応する sin と cos の係数となっている。
今、わかりやすい例として、$n = 4$ 以降の全ての係数が $a_n = b_n = 0$ となり、
かつ $a_0 = a_1 = a_2 = a_3 = 0$ で周期 T を持つ、ある関数 $f(x)$ が以下で与えら
れているとする。

$$\begin{aligned}
f(x) &= b_1 \sin \frac{2\pi}{T}x + b_2 \sin \frac{2\pi}{T}2x + b_3 \sin \frac{2\pi}{T}3x \\
&= b_1 \sin \frac{2\pi}{T}x + b_2 \sin \frac{4\pi}{T}x + b_3 \sin \frac{6\pi}{T}x
\end{aligned} \tag{9.45}$$

この関数 $f(x)$ は単に周期の異なる 3 つの sin を組み合わせたものである
が、それぞれの sin の係数（b_1, b_2, b_3）を変化させることで、合成される
関数 $f(x)$ の形状は大きく変化する。係数の組み合わせとして以下のケース
1 とケース 2 を考えよう。

- ケース1： $b_1 = 1$, $b_2 = 5$, $b_3 = 10$
- ケース2： $b_1 = 5$, $b_2 = 10$, $b_3 = 1$

　これらの値を、式（9.45）に代入して図にしたものが図 9.10 である。注意してほしい点としては、上式においてそれぞれの係数 b_1, b_2, b_3 がかかる $\sin\frac{2\pi}{T}x$, $\sin\frac{4\pi}{T}x$, $\sin\frac{6\pi}{T}x$ はそれぞれ周期が T, $\frac{T}{2}$, $\frac{T}{3}$ であり、周期が異なる sin が 3 種類存在するということである [16]。図 9.10 からわかるように、同じ式（9.45）で表現される関数であっても、係数が異なると大きく関数の形が変化する。ケース 1 では係数 b_3 が最も大きく、当然ながら $\sin\frac{6\pi}{T}x$ の成分が支配的となる。一方、ケース 2 では係数 b_2 が大きく、$\sin\frac{4\pi}{T}x$ の成分が支配的となる。

　そこで、この係数の値を棒グラフに示したのが図 9.11 である。このように係数を棒グラフにすると、式（9.45）の関数 $f(x)$ を構成する sin においてどの周期が支配的であるかが一目瞭然となる。このようなフーリエ級数における係数の大きさを示したものをスペクトルという。
　今回の $f(x)$ は単に 3 つの sin の足し算であるが、一般の関数の場合でも同様のことができる。これを図にしたものが図 9.12 である。一般にスペクトルでは、横軸を「周期の逆数（後述する周波数）」にとり、縦軸に係数の大きさを示す。このように関数のスペクトルを見ることで、その関数においてどの周期（もしくは周波数）の影響が強く、支配的であるかが理解できる。

9.2.4　音楽デジタルデータの圧縮技術

　さて、フーリエ級数におけるスペクトルの知識を踏まえて、話題を音楽プレーヤの話に戻そう。
　音楽を含め、普段我々が耳にしている音は、空気の振動現象である。音楽プレーヤなどのスピーカを分解した例が図 9.13 である。スピーカはコーンと呼ばれる薄い膜でできている。このコーンは電磁石とつながっており、電磁石に電気を流し、電磁石が前後に振動することで、コーンが振動する。その結果、コーンの周囲の空気を振るわせることで、音が発生するのである。このスピーカが速い周期で振動すれば高い音が発生し、遅い周期で振動すれ

---

16. $y = \sin x$ の周期は 2π である。このとき変数 x の前に係数 k が掛かっている三角関数の周期は $\frac{1}{k}$ 倍となる。従って、$y = \sin kx$ の周期は $\frac{2\pi}{k}$ となる

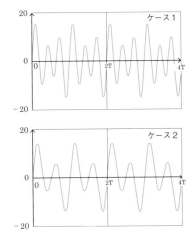

図9.10：式 (9.45) において、係数の値を変えた 2 つのケース

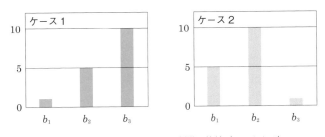

図9.11：2 つのケースにおける係数の比較（スペクトル）

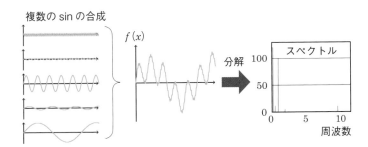

図9.12：ある関数 $f(x)$ のスペクトル

ば低い音が発生する。

　さて、「音＝空気の振動」の現象のサンプルとして、我々が発する声を考えてみよう。例えば「あ〜」と発音したとする。このときの振動現象のイメージをグラフにしたのが図 9.14 である。このグラフでは、横軸が時間であり、縦軸は振幅である。この「あ〜」という一定の音声もフーリエ級数として sin と cos の波の集合体で表すことができる。

　ここで、**周波数**について説明しておく。これまで説明してきたように、周期関数は sin と cos による級数で表される。これまではこれらの三角関数の周期を基準に考えてきたが、一般的に「音」のような振動現象を考えるとき、その周期の単位は時間（秒）となる。

　このように周期の単位が時間の場合には、周期の代わりに周波数をその関数の基準に考えることが多い。周波数は周期 T に対して、その逆数で与えられる。つまり、周波数を z とすると、$z = \dfrac{1}{T}$ となる。単位は [1/s] であるが、この単位をヘルツといい、[Hz] と表記する。簡単にいえば、周波数とは「1 秒間に振動が何往復するか？」ということであり、周波数の値が大きいほど、1 秒間に往復する回数が増え、振動が速くなる。

　例えば、周期 0.5 秒の周期関数の場合、その周波数は 2 [Hz] であり、周期 10 秒の場合には周波数は 0.1 [Hz] となる。周波数は周期の逆数なので、周期が長いほど周波数の値が小さく、周期が短いほど周波数は大きい。音の場合は、周波数が小さいと低い音になり、周波数が大きいほど高い音になる。

　音の話に戻ろう。先ほどの「あ〜」の波形のスペクトルのイメージが図 9.15 である。このスペクトルから「あ〜」の音は特定の周波数によって形成されていることが見てとれる。このように、人間の声を含め、楽器などの音は空気の振動であり、特定の周波数の振動によって、その音が特徴づけられている。

　さて、音楽というものはおそらく太古の昔から存在したであろう。しかし、昔は録音ができなかったから、音楽は基本的には生演奏しかなかった。その後、近代に入り、レコードが発明され、カセットテープなどを経て、CD（コ

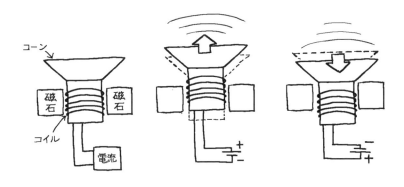

図9.13：スピーカの仕組み

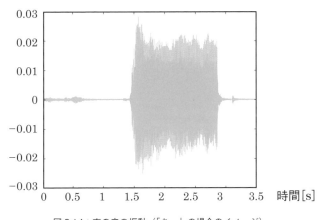

図9.14：声の音の振動（「あ〜」の場合のイメージ）

ンパクトディスク）などが普及した。そして、今や購入した CD の音楽をデータ変換し、音楽プレーヤやスマートフォンなどで曲を聴くこともできるのである。また、最近では、インターネットから直接音楽データをダウンロードするサービスやストリーミング配信サービスも盛んに行われている。

　この音楽デジタルデータ形式にはいくつもの形式があるが、有名なものの

振幅

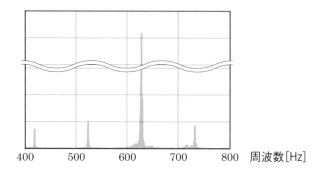

図 9.15：声の音のスペクトル（「あ〜」の例のイメージ図）

1つがMP3形式である。このMP3形式は1990年代後半から爆発的に普及したのであるが、その理由の1つが、当時の他の手法に比べデータの圧縮率が高かったことがあげられる。同じ曲であっても、CDに保存されているオリジナルのデジタルデータに対し、MP3形式ではデータ量がおおむね$\frac{1}{10}$程度に圧縮される。

　例えば、5分程度の曲の場合、CDのオリジナルのデータ量は約50MB（メガバイト）であるが、MP3データに変換すると約5MB程度になる。従って、音楽プレーヤに保存できる記録容量が同じならば、音楽データをMP3形式に変換すれば、オリジナルの音楽データに比べて10倍の曲数を入れることが可能となるのである。

　そして、この音楽の圧縮技術にもフーリエ展開が関係している。今、ある曲のCDがあったとする。この曲の中に収められた音のデータは、これまでに話したように、フーリエ展開すれば様々な周波数のsinとcosから構成されている。そのスペクトルのイメージが図9.16である。

　このCDのデジタルデータ量のままであれば、1曲あたり約50Mのデータ量である。しかし、ここでデジタル圧縮データの出番である。実は、人間の耳には聞き取れない（もしくは聞き取りにくい）周波数の音というものが

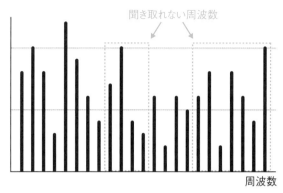

図9.16：曲のスペクトルのイメージ

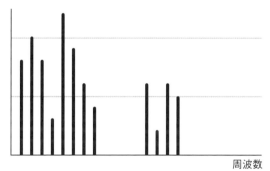

図9.17：曲のデータ圧縮イメージ

存在する。例えば、非常に高い音（高周波）などは普通の人には聞き取れないといわれている。どうせ音楽は人間の聞くものであるから、この人間の耳に聞き取れない周波数を持つ音のデータというのは、ある意味、音楽としては全く生かされていないデータである。

　そこで、図9.17のように人間の聞き取ることのできない（もしくは聞き取りにくい）特定の周波数のデータを削除し、データを小さくしたものがMP3によるデータ圧縮である。

　つまり、曲の本来のデータである音の振動データをフーリエ展開によって、周波数別に三角関数のデータに分解し、人間の聞き取れない周波数のデータを削除して人間の聞き取れるデータのみを残すのが音楽圧縮の極意である。このようにすることでデータ量を $\frac{1}{10}$ にできるのである。

　そんな便利な音楽圧縮であるが、人間の耳では聞こえない（聞きにくい）音をカットしているとはいえ、やはり、人によっては聞き取れる周波数帯域が広い、つまり、普通の人より音楽が詳しく聞こえる、いわば音楽のプロの耳を持つ人がいる。また、人間の耳は、若いときには特定の周波数が聞き取れるが、歳を取ると特定の周波数が聞き取りにくくなるなどといった、年齢に依存する場合もある。従って、やはりそういう音楽のプロの耳を持つ人にとっては、音楽圧縮をすると音質が下がるため、圧縮を好まない人もいるのである。そのような人のために、あまり音質の劣化を生じることのない音楽の圧縮技術も存在する[17]。

　いずれにせよ、皆さんが何気なく使っているスマートフォンなどの音楽プレーヤにも数学の級数を使ったテクノロジーが用いられているのである。ただし、今回解説した MP3 のデータ圧縮技術は、かなり簡単に説明したものであり、実際にはより高度な技術が用いられていることをお断りしておく。

9.2.5　周期関数でない場合のフーリエ展開

　さて、フーリエ級数はこれまで説明してきたように、周期関数を sin と cos の無限級数で表現する方法である。しかし、実際の生活で使用する関数は必ずしも周期関数でないことが多い。最後に対象とする関数が周期関数でない場合について、補足しておこう。

　今、図 9.18 に示すような非周期関数である $f(x)$ があったとすると、これは確かに特定のパターンで同じ挙動を示すことはない。そこで、この関数に対し、周期 T が無限大と解釈する。このように解釈することで、少し強引ではあるが $f(x)$ は周期関数と見なすことができ、これまでに紹介してきたようなフーリエ級数展開を拡張したテクニックを利用することが可能となるのである。

　この方法はフーリエ変換と呼ばれ、本書では取り扱わないが、興味のある読者は関連図書 [5] などを読んでいただけるといいだろう。

---

17. 例えば、FLAC や ALAC といった形式のもの

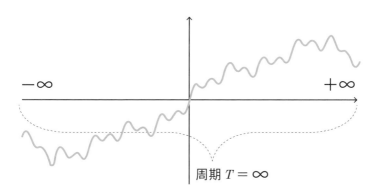

図9.18：非周期関数も周期を無限大と考えることでフーリエ級数展開を拡張したテクニックを利用できる

おわりに

　今回、ダイヤモンド社より本書を執筆するチャンスをいただき、大変感謝している。「はじめに」にも書いたように、私は高校生の理系離れや学力低下を目の当たりにし、昨今の日本の状況に大変な危機感を感じていた。

　そんなとき、この本の企画の内容を聞いて、編集部に真っ先に尋ねたのは、

「数式はバンバン使っていいですか？」

ということだった。

　これまでにも、一般読者向けのサイエンス系の本を何冊か書いてきたが、どうしても話の展開の中で数式を用いて説明したいことがあった。しかし、想定する読者層の関係で可能な限り数式を用いることなく、もしくは、極めて単純な数式だけで説明する方向性だった。しかし、言葉だけや単純な数式だけでは真意が伝わらない場合も多く、歯がゆいこともあった。

　今回はこれまでとは違い、高校レベルの数式ならばバンバン使っていいとの了解を得たので、割り切ってドンドン使ってみた。

　正直なところ、現在の科学技術を説明するには、高校数学だけでは難しい面もあり、ネタ探しにも苦労した。しかし、書き終わってみると、なんと高校数学とは大事なんだろうと私自身、再確認できた。

　結果的に、高校数学とはいえ、数式を出しまくって、読者層を狭めてしまったかもしれない。しかし、北斗の拳のラオウ的な感情というのだろうか。

「我が生涯に一片の悔い無し」

にも似た感情がわき起こっている。

　これまで、何人かの高校の数学の先生と話す機会があった。そのとき、印象的だったのは、現場の数学の先生から

「数学って社会で実際にどんなところに使えるか、もしくは使っているのか、学生に説明できないんですよね」

という意見が多数あったことだった。もちろん全ての数学の先生がそういう感情をもっているわけではないし、積極的に数学の使い道を教えてわかりやすくて楽しい授業を実践している先生も当然いるだろう。しかし、少数だとしてもそんな数学の先生がいることに、とにかく驚いた。

「現役の先生が高校数学の使い道を知らないようでは、授業を受けている学生はさぞつまらないだろうな」

と感じた。そして、こんなことでは日本の未来は暗いと危惧したのだった。
　本書はもちろん、高校生や一般の社会人に読んでいただきたい。しかし、それ以上に、上記のような感情をもっている現役の高校数学の先生に読んでいただきたい。
　最後に、このような機会を与えていただいたダイヤモンド社・酒巻良江氏、文筆堂・寺口雅彦氏、さらに数式のチェックをしていただいた東京海洋大学・森直文准教授、アドバイスいただいた福岡工業大学・中西真大助教、共同研究者である津田和幸博士、私の教え子である菊池史朗氏、その他、本書の執筆にご協力いただいた全ての方々に御礼申し上げる。
　ジークジオン。

関連図書

[1] 『Newton 別冊　数学の世界　知れば知るほど興味深い』ニュートンプレス

[2] 『江戸学入門　江戸の理系力』洋泉社編集部（編）洋泉社

[3] 『ゲーム開発のための数学・物理学入門』Wendy Stahler（著）山下恵美子（訳）ＳＢクリエイティブ

[4] 『文科系のためのオーディオ数学』新井晃（著）誠文堂新光社

[5] 『フーリエの冒険　新装改訂版』トランスナショナル・カレッジ・オブ・レックス (編) 言語交流研究所ヒッポファミリー

[6] 『量子コンピュータ　超並列計算のからくり』竹内繁樹（著）講談社ブルーバックス

[7] 『これができればノーベル賞』木野仁（著）彩図社

[8] 『学校では教えてくれない！　これ１冊で高校数学のホントの使い方がわかる本』蔵本貴文（著）秀和システム

[9] 『図解ロボット技術入門シリーズ　ロボットインテリジェンス　進化計算と強化学習』伊藤一之（著）オーム社

[10] 『ディープラーニングがわかる数学入門』涌井良幸、涌井貞美（著）技術評論社

[11] 『確率と統計がよくわかる本』矢沢サイエンスオフィス（編著）学研プラス

[12] 『これならわかる深層学習入門』瀧雅人（著）講談社

[13] 『速習強化学習　基礎理論とアルゴリズム』Csaba Szepesvari（著）　小山田創哲ほか (訳)　前田新一、小山雅典（監訳）共立出版

[14] 『ベイズ推論による機械学習入門』須山敦志（著）　杉山将 (監修) 講談社

[15] 『イラストで学ぶ　ロボット工学』木野仁（著）谷口忠大（監修）講談社

[16] 『イラストで学ぶ　人工知能概論』谷口忠大（著）講談社

[17] 『統計学が最強の学問である』西内啓（著）ダイヤモンド社

[18] 『ちょっとわかればこんなに役に立つ中学・高校数学のほんとうの使い道』京極一樹（著）実業之日本社

[19] 『ちょっとわかればこんなに役に立つ統計・確率のほんとうの使い道』京極一樹（著）実業之日本社

[20] 『ふたたびの微分・積分』永野裕之（著）すばる舎

[21] 『ふたたびの高校数学』永野裕之（著）すばる舎

[22] 『ギャンブルに勝つための最強確率理論』九条真人（著）実業之日本社

[23] 『予測にいかす統計モデリングの基本　ベイズ統計入門から応用まで』樋口知之（著）講談社

[24] 『生き抜くための高校数学　高校数学の全範囲の基礎が完璧にわかる本』芳沢光雄（著）日本図書センター

[25] 『新体系・高校数学の教科書　上』芳沢光雄（著）講談社ブルーバックス

[26] 『新体系・高校数学の教科書　下』芳沢光雄（著）講談社ブルーバックス

[27] 『「超」入門　微分積分』神永正博（著）講談社ブルーバックス

[28] 『強化学習』Richard S. Sutton、Andrew G. Barto（著）　三上貞芳、皆川雅章（訳）森北出版

[29] 『機械学習入門　ボルツマン機械学習から深層学習まで』大関真之（著）オーム社

[30] 『Newton 別冊　ゼロからわかる人工知能』ニュートンプレス

[31] 『GUNDAM CENTURY RENEWAL VERSION　宇宙翔ける戦士達　復刻版』樹想社

[32] いろもの物理 Tips 集 http://irobutsu.a.la9.jp/PhysTips/index.html（2018 年 5 月 19 日現在）

[33] J. Pearson,"The orbital tower: a spacecraft launcher using the Earth's rotational energy", Acta Astronautica 2: pp. 785-799, 1975.

[34] 『高校数学の美しい物語』マスオ（著）SB クリエイティブ、及び著者の運営サイト『高校数学の美しい物語』

[35] デジタルオーディオの仕組み－音声圧縮の原理 MP3, AAC, ATRAC, etc. http://align-centre.hatenablog.com/entry/2014/04/28/222154（2020 年 7 月 15 日現在）

その他、wikipedia をはじめインターネット上でも情報収集を行った。

［著者］

木野 仁（きの・ひとし）

博士（工学）。技術士（機械部門、選択科目：ロボット）およびAPECエンジニア（Mechanical Engineering）。1971年生まれ。立命館大学大学院理工学研究科博士後期課程中退。福岡工業大学工学部知能機械工学科教授を経て、2020年4月より中京大学工学部機械システム工学科准教授。専門はロボット工学。ワイヤ駆動ロボット、筋骨格構造ロボット、受動歩行、ソフトアクチュエータなどの研究に従事。過去に日本ロボット学会評議員および代議員、日本機械学会ロボティクス・メカトロニクス部門第7地区技術委員会委員長などを務める。日本ロボット学会、日本機械学会、人工知能学会、日本技術士会、IEEE（Institute of Electrical and Electronics Engineers）会員。

小学校、高校などでの大学模擬講義、一般企業主催の技術セミナーでの講師を多数経験し、福岡工業大学においてベストティーチャー賞、最優秀授業実施賞などを多数受賞。2013年に日本機械学会より教育賞を受賞、2020年に著書『イラストで学ぶロボット工学』（講談社、谷口忠大監修）が日本機械学会ロボティクス・メカトロニクス部門より部門教育表彰。子どもの頃に見たアニメ『機動戦士ガンダム』をきっかけに大学教授を志し、近年は科学技術の素晴らしさ、楽しさを広く伝えることを使命として執筆活動を行っている。

他の著書に『ロボットとシンギュラリティ』（彩図社）、『あのスーパーロボットはどう動く――スパロボで学ぶロボット制御工学』（日刊工業新聞社、共著）、『高校の知識で挑む！ 本格的なロボット工学』（Kindle、電子書籍のみ）などがある。

［協力］

森 直文（もり・なおふみ）

1982年生まれ。九州大学大学院数理学府博士後期課程修了。数理学博士。専門は数理モデルの安定性理論。現在、東京海洋大学学術研究院海洋環境科学部門准教授。
2007年から2017年まで10年間、個別指導塾で受験指導に携わり、小学生から高校生まで数学を主とした全教科を担当する。

工学博士が教える高校数学の「使い方」教室

2020年9月8日　第1刷発行

著　者――木野 仁
発行所――ダイヤモンド社
　　　　〒150-8409　東京都渋谷区神宮前6-12-17
　　　　https://www.diamond.co.jp/
　　　　電話／03-5778-7233（編集）　03-5778-7240（販売）
装幀―――斉藤よしのぶ
イラスト――悟東あすか、ムシカゴグラフィクス
図版作成――浦郷和美
編集協力――野本千尋
DTP制作――伏田光宏（F's factory）
製作進行――ダイヤモンド・グラフィック社
印刷／製本――勇進印刷
編集担当――酒巻良江
